青少年百科知识文库

自然密码·生命密码

NATURAL MYSTERY

司马法良◎编著

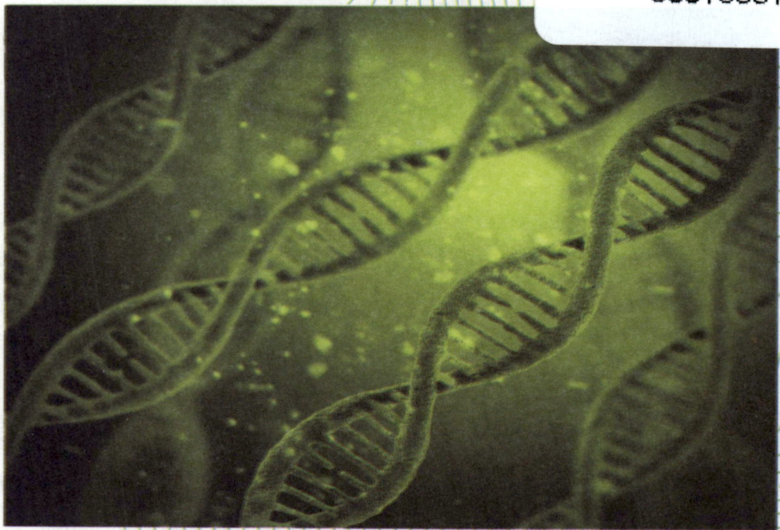

河南人民出版社

图书在版编目（CIP）数据

生命密码/司马法良编著．-- 郑州 ：河南人民出版社，2015.5
（青少年百科知识文库．自然密码）
ISBN 978-7-215-09426-0

Ⅰ．①生… Ⅱ．①司… Ⅲ．①生命科学－青少年读物
Ⅳ．①Q1-0

中国版本图书馆CIP数据核字(2015)第096453号

设计制作：崔新颖 王玉峰
图片提供：fotolia

河南人民出版社出版发行
（地址：郑州市经五路66号 邮政编码：450002 电话：65788036）
新华书店经销 三河市恒彩印务有限公司 印刷
开本 710毫米×1000毫米 1/16 印张 9
字数 128千字 插页 印数 1-6000册
2015年7月第1版 2015年7月第1次印刷

定价：29.80元

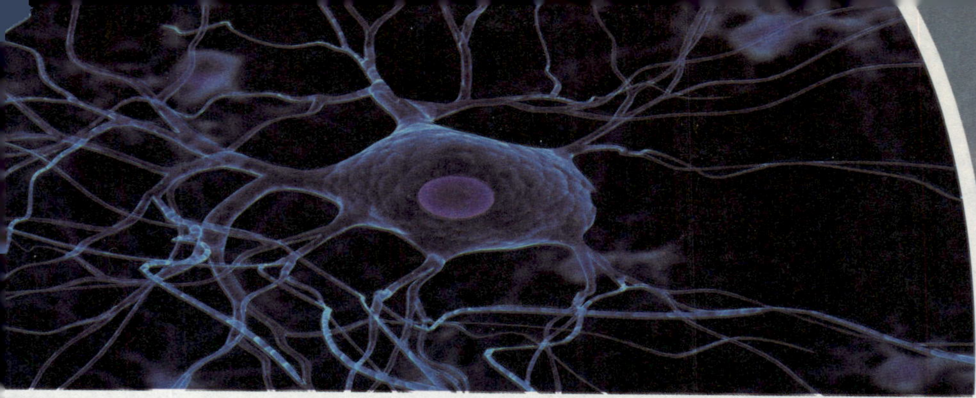

目录 CONTENTS

Part 1 生命之谜

Part 2 人类身体之谜

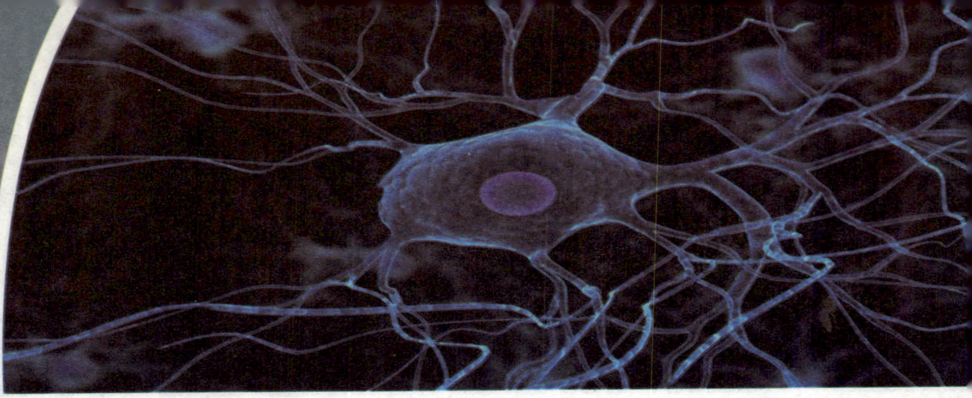

Part 3 神奇的人类生命现象

Part 4 人种之谜

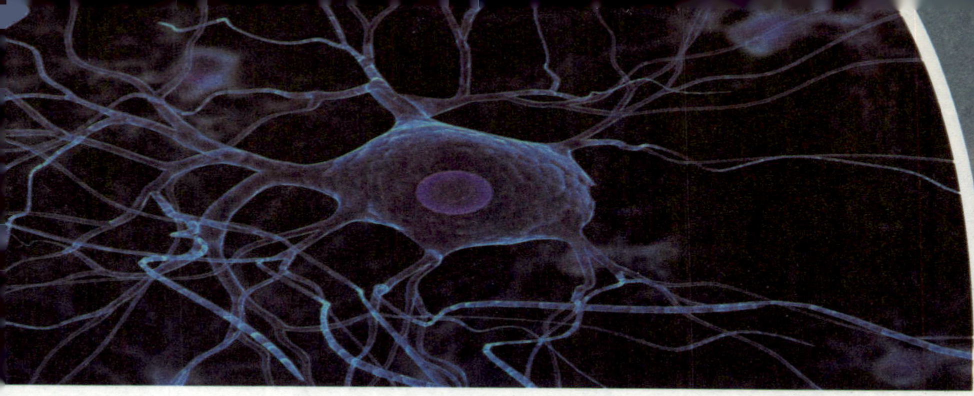

Part 5 动物生存之谜

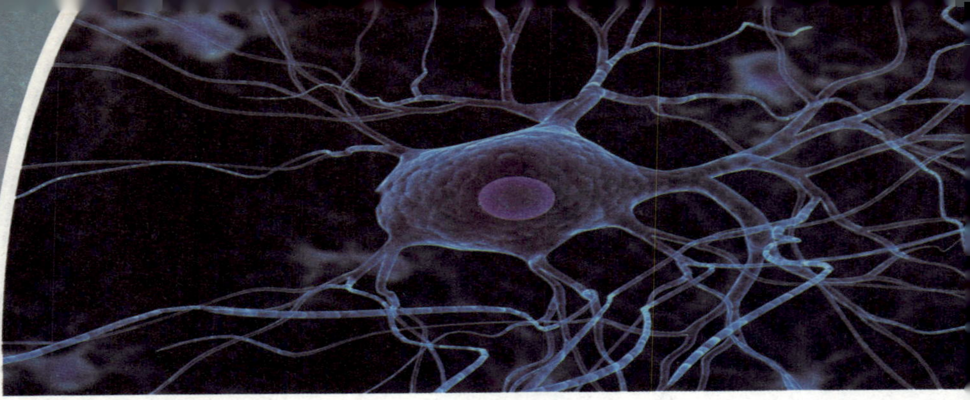

Part 6 生物灭绝之谜

Part 1

生命之谜

地球生命起源之谜

相对于宇宙的年龄来说，地球和它所绕转的恒星（太阳）都是“晚辈”，我们的行星是在46亿年前从太阳诞生后的残余物中形成的。据推断，那时候整个宇宙已经是110亿～160亿年高龄了。像所有行星的形成一样，地球开始形成时候的壮观程度简直超乎想象，甚至当地球形成后，其表面仍然保持融熔状态达6亿年之久。地球内受地核加热，外遭小行星撞击，致使温度升高，海水沸腾。地质学家把这个时期称为地球历史上的“地狱”时期，那时的地球确实像地狱。

过了相当长的一段时间后，持续不断的小行星撞击停止了，残余的小行星逐渐在轨道上安定下来，不再对地球构成大的威胁。这时，碳、氮、氢和氧的各种化合物开始“化合成氨基酸和其他构成生命的基本化合物”。正如诺贝尔奖获得者克里斯蒂安·德·杜弗在他1995年所著的《至关重要的尘埃》中所写，“这些化合物随着降雨、彗星和陨石散落在毫无生命的地球表面，形成一张有机物之毯”。结果，这个富含碳的薄层又受到地球和坠落在地球表面的天体的“搅拌”，并遭到强烈的紫外线辐射。今天的紫外线的强度可不能与当初相比，由于有地球大气的阻挡，今天的紫外线辐射微弱多了。这些物质最终流入大海，正如著名英国科学家霍尔丹在他1929年的一篇著名论文中写的“原始海洋成为一锅热的稀汤”。这个过程的主要副产品是一些棕红色的黏稠的东西，被命名为“黏性物”或“黏泥”或别的令我们想起童年时的操场之类的名字。那些长期以来反对查理·达尔文的关于人类是类人猿和黑猩猩近亲的理论的人恐怕受到这个最新的“侮辱”后要发疯了——人类最原始的祖先居然是“黏泥”。

因此，我们现在得到了像稀汤一样的海洋和许多无处不在的黏泥，那么生命是如何从这些原料中产生的呢？这就是谜题的开始之处。大家普遍承认，RNA起了关键的作用，RNA即核糖核酸，与决定我们人类和其他所有生物的遗传物质DNA是近亲。但是，人们对生命是如何、何时、在何处起源的问题一直争论不休。

生物学家和化学家一直认为自从大约38亿年前地球冷却和小行星雨结束后，生命至少花了10亿年的孕育时间。这意味着地球的生命史不超过28亿年。但是越来越多的地质学甚至是化石证据表明细菌远在此之前就存在了。格陵兰的Lsua岩石是地球上最古老的岩石，据测定，年龄为32亿年，其中含有碳（这是所有已知的生物中最基本的元素）

↑ 地球

和细菌光合作用的特征。许多地质学家接受了生命存在于比这更早时期的观点——果真如此的话，比细菌更原始的有机体应该存在于更早的时期。比吉尔·拉斯穆森是澳大利亚西部大学的地质学家，最近在澳大利亚西北部的皮尔巴拉·克拉顿发现了一种存在于 35 亿年前的微小的线状生物的化石，同时在澳大利亚西部的一个火山口发现了 32.35 亿年前的“可能”为化石的东西。这些证据同时带来了一个严肃的问题：生命的起源将被推到“地狱”时期结束后的 20 万年，在许多生物学家看来，这段时间对于化学过程来说未免太短了。

新的问题犹如乌云遮蔽了生物进化图景，这个图景曾经在“种系树”上似乎是如此清晰。种系树反映了生物的进化史，人们可以沿着它的枝干追根溯源。进化的种系树是达尔文在 19 世纪为了表示动物群的演化史而提出来的。第一张复杂的种系树图谱是德国博物学家恩斯特·海克尔绘制的，他同时还创造了“生态学”这个词。DNA 的发现使人们不仅可以绘制出动物和植物的种系树图谱，而且可以绘制出构成动植物的生命体的遗传物质的种系树图谱，它能使我们更深刻地理解生命的进化过程。

我们的地球上的生命可能来自太空吗？当然，小行星、陨石和彗星含有一些构成生命的元素。有一种理论认为，地球上的生命是来自于地球本身的材料和来自太空的材料的组合。但是这些组成生命的材料是一回事，生命本身又是另一回事。一些杰出的科学家提出早期生命在来到地球以前就在太空中形成了，不仅仅是组成生命的元素而是完整的生命。1821 年，居里昂·德·蒙特利佛尔特认为地球上的生命起源于月球的种子，1890 年，美国天文学家珀西瓦尔·洛韦尔（他准确地预言了冥王星的存在）坚持认为火星上存在运河，这些运河是火星上的智慧生物所挖掘的。

发明了开氏温标的威廉姆·汤姆森（开尔文爵士）在19世纪初提出是陨石把生命带到了地球上。

美国宇航局宣布的新发现与1984年在南极洲发现的一些岩石有关，这些岩石是一些陨石碎块，称为SNCS（发音“Snicks”），它是Sheqpotty-Nakhla-Chassigny的简称，这是最初三块陨石发现的地点。在记者招待会上，一块用来讨论的岩石放在一块蓝色天鹅绒垫子上展示，NASA的负责人丹·戈尔丁在招待会开始时致词：“今天，我们正站在门口，打开这扇门，我们将知道生命是否是地球上唯一存在的。”他的这番话倒是吸引记者们注意的一个极好的途径。

然后NASA科学家介绍了有关这块岩石他们可以肯定的东西。经过测试，这块岩石大约形成于45亿年前的火星，埋在火星地下达5亿年，然后在陨石撞击火星表面时掉入水中，大约1600万年前，又遭遇了一次新的经历，在一个来自太空的天体，也许是一颗小行星的撞击下，部分火星外壳被撞击而进入太空。在太空中流浪了100万年后，那个外壳的碎片于16000年前坠入南极。

NASA的岩石中包含碳酸盐，这与地球上由细菌形成的岩石类似，与细菌产物相似的细颗粒的硫化铁和其他矿物质也被发现了。同时，电子扫描显微镜的观测结果表明，岩石中含有可能是火星细菌化石的微小结构，并且它们在岩石中埋藏得很深，不可能是在地球上形成的。为了留一条退路，在场的一位NASA科学家说这种结构太微小而不太可能是细菌，碳酸盐明显是在高温中生成的，在这么高的温度下不可能有生命存在，但是他的怀疑并不能阻止报纸上大字标题“生命存在于火星上”的出现。

当我们确实得到了答案的时候，即使答案是确凿无疑的，也有一些

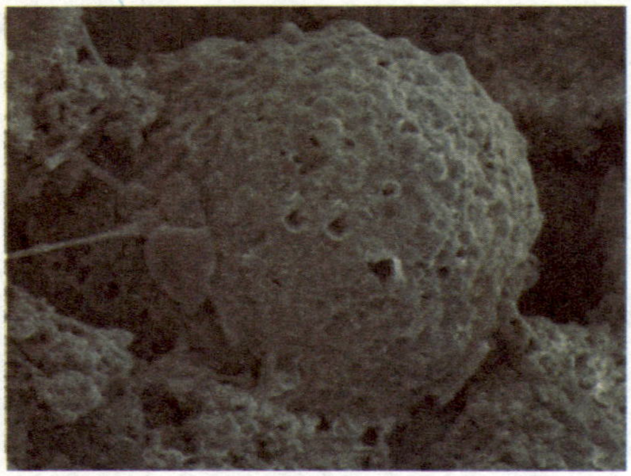
↑ 科学家声称在陨石化石中发现外星生物化石

科学家仍然会说这仅仅证明细菌生命曾经存在于火星上，但也存在于我们的行星上。这将不能作为生命起源于火星并来到了地球上（或者反过来也一样）的证据，也不能作为证据证明胚种论是正确的。

也许在以后，关于地球之外的太阳系的生命，人类将发现更多的，甚至是惊人的证据。目前主要有两个前沿：一个是理论方法，不过它被不断增加的地球早期生命可能发生过横向的基因交换的证据弄得晕头转向。另一个是实验室方法，它试图用化合物合成生命，但每次都遭受失败的打击。对寻求地球生命起源的理解的现状，也许用 2000 年 6 月 13 日《纽约时报》栏目“科学时代”的大标题来形容是再好不过了。它是报道在南极发现的新的化石的，题目是：生命起源变得更加神秘莫测了。

生命“大爆炸”之谜

寒武纪是地球生命史上最早有化石记录的时代，大约距今5.3亿年。科学家们发现，在寒武纪早期，地球的生命存在形式突然出现了由单样性到多样性的飞跃。生物种类像“爆炸”一样突然大幅增多。于是人们提出了“寒武纪生命大爆炸”的概念。1907年和1947年，人们分别在加拿大和澳大利亚发现寒武纪中期和末期的动物化石群，被称为两大国际奇迹，受到世界性的保护。不过直到20世纪80年代，全世界发现的寒武纪化石大部分还是海洋三叶虫等较低等的动物，而我国澄江帽天山发掘出的化石群包括了40多个类群的100多种动物，而且年代比加拿大布尔吉斯页岩化石群早1500万年。澄江化石涉及当今动物界大多数门类，还有许多是无法归入现有门类的已绝灭的类群。澄江化石群在短短300万年的地质时间内，完整记录了比当今门类还多的动物群突然产生的情况，这一发现使“寒武纪生命大爆炸”的判断似乎一下子成为无可辩驳的事实。这一事实对达尔文进化论产生了迄今为止最强烈的冲击。当前国际国内理论界的观点主要表现为3种：一种认为达尔文的基本观点仍然是正确的；第二种观点认为进化论已经不能解释生命“大爆炸”，但进化论的原则是对的，只是需要修改、补充、将其完善；第三种观点

← 三叶虫化石

认为达尔文进化论根本就是错误的，应予否定。

坚持第一种观点，即认为进化论是正确的生物学家说，生命“大爆炸”并不是晴空霹雳那样凭空产生的。它不过是很久以前开始的生命进程的继续。地球上的生命还是按照由简单到复杂，从水生到陆生，从低级到高级的时序演变进化的。这种进化是一个漫长而渐进的过程，是通过自然选择和遗传变异这两个车轮的缓慢转动逐渐实现的，为彻底摆脱“寒武纪生命大爆炸”理论对达尔文进化论的威胁，支持进化论的古生物学家和地质学家还提出了“地层缺失说”。他们认为，寒武纪动物群的祖先生存年代的沉积物（如化石等）在目前的大陆地区已不复存在了，只有现在的大洋深处才有发现它的可能。他们相信，随着考古的进一步发现，会证明寒武纪生命不是“爆炸”出来的，而是“进化”而来，寒武纪生命群与其他时期生物一样存在着同一个祖先。不过，地层学研究证明，寒武纪之前并不存在地层的缺失。

持第二种观点的生物学家，他们的理论依据是霍克斯假说。这一假说认为，霍克斯（Hox）基因负责控制生物胚胎的形成，它们的数量和结构形式决定生命体的形成。当霍克斯基因数量较少时，生命的形式处于迟钝状态；而当某些前寒武纪生命体中的霍克斯基因积聚到一定数量，便发生了生命“大爆炸”，持这种假说的人试图弥补进化论的不足。但是，为什么在寒武纪之后，生命体中的霍克斯基因的数量增加了，生命的多样化却非但没有扩大反而缩小了呢？霍克斯假说对此类问题无法解释。另外一些研究者认为，有某种不同于达尔文进化论的原理作用于寒武纪，可能是一种非达尔文式的，进化在极短时期内起作用，那么这种非达尔文式的“原理”或“进化”究竟是什么呢？没有人能回答，而且化石也没有提供这样的证据。

第三种观点认为达尔文进化论根本上是个错误，而且最早怀疑并否定进化论的人就是达尔文自己。持这种观点的科学家指出，虽然达尔文在其生命的晚期改变了信仰，对自己过去的观点和行为产生悔恨的原因是吃惊于“人们竟然把它（指进化论）变成了一种宗教”，但作为一个严肃认真的科学家，青年时代的达尔文对自己的理论也不无怀疑。1859年他发表《物种起源》一书时，就对当时已发现的志留纪（那时还没有“寒武纪”的概念，寒武纪包含在志留纪中）化石表示了极大的困惑，他在书中实事求是地写道：“我深信志留纪的三叶虫起源于志留纪之前的甲壳类的祖先，如果我的理论是正确的话，那么这段时间是很长的……这一事实至今仍是令人费解的，这将可能成为反对本书所持观点最有力的证据。”如今150多年过去了，达尔文所期盼的寒武纪之前甲壳类的祖先还没有被发现；而所发现的化石证明，三叶虫以及更复杂的动物都是在寒武纪突然出现的。中国学者裴雪重还指出，在寒武纪之前，地球上仅存在数量贫乏、结构简单的生物，它们没有资格作为寒武纪具有爆炸性的众多的动物种类的前辈，动物种类都是突然出现的，不存在演替过程。因此；一类动物是另一类动物祖先的说法缺少事实根据。况且，寻找类人猿化石，通过证明类人猿骨骼与人类的相似之处就说明人类是由猿演变而来，这种研究方法不合乎逻辑，可以设想，假如有一天地球上的驴都死绝了，后人按这种方法找出驴的骨骼化石和马相对照，岂不得出“马是由驴变来的”怪论！所以，我们有理由对达尔文以来的古生物学者的思路也提出异议。

虽然达尔文进化论因为生命“大爆炸”问题而正在再次遭到围攻，但事实上那些反对的观点尽管很有力，也还没有一个能彻底否定进化论或能代替进化论。因为150年来，进化论能雄踞人类认识史上“19世纪三大发现”之一，说明它有着雄厚的科学基础，在很多领域，它不仅是作为一种理论，更是作为一种方法在流行，所以，对于“进化论错没错”的问题，必然成为一个重大理论悬案，进入人类的下一个科学百年计划。

↑ 灵长类动物家族谱系图

人类起源探秘

如果说浩渺的宇宙间有无数未解的奥秘的话，那么，人类的起源就是最大、最为难释的谜。

夏娃亚当繁衍了人类的传说已被人们当作了古老的故事，现今高科技社会里，人们对于一切假说与推理，都要凭借科技手段掘取实证来验明。没有人否认19世纪诞生的英国人达尔文是位伟大的、破旧立新的人，他的巨著《物种起源》和《人类的由来》，第一次向人们的传统思维中植入了人类是从某些结构上比较低级的形态演变而来的概念，而且进一步认为人类的智力、人类社会道德和感情的心理基础等精神文明的特性也是像人体结构的起源那样，可以追溯到较低等动物的阶段，为把人类归入科学研究的领域奠定了基础。这是人类自觉的历史发展的一个空前的突破。

马克思主义诞生以后，恩格斯运用辩证唯物论和历史唯物论，综合了科学的成就，全面地分析了从猿到人的过程，创立了“劳动创造人”的理论，从根本上粉碎了上帝造人的宗教迷信神话。在从猿到人的转化过程中，劳动起着决定作用。无论是手足分工、制造工具，还是语言的产生、脑的发展和思维的出现，都是在劳动中出现的。所以恩格斯说：劳动“是整个人类社会的第一个基本条件……在某种意义上不得不说劳动创造了人本身”。

正是达尔文、恩格斯的阐述，使人们完全突破了宗教理念的束缚，使人们在百余年来不断地在科技领域中探寻人类起源的奥秘。

其中，最为人们所接受的人类起源的推论有以下几种：

1. 人类由海洋动物进化而来

1960 年，英国人类学教授爱利斯特·哈代爵士提出了一种新的假说，他认为化石空白时期（在距今 400 万～800 万年前这一时期的化石资料几乎空白）的人类祖先，不是生活在陆上，而是生活在海中；在人类进化史中，存在着几百万年的水生海猿阶段，这一阶段在人类身上至今留下许多“痕迹”——解剖生理学方面的特征，这些特征在别的陆地灵长类动物身上都是没有的，而在海豹、海豚等水生哺乳动物身上却同样存在。例如：所有灵长类动物体表都有浓密的毛发，唯独人类和水兽一样，皮肤裸露；灵长类动物都没有皮下脂肪，而人类却有水兽那样厚厚的皮下脂肪。人类胎儿的胎毛着生位置，明显不同于别的灵长类动物，而与

← 海豹

水兽接近。人类泪腺分泌泪液，排出盐分的生理现象，也是水兽的特征，在灵长类动物中是绝无仅有的。哈代指出：地质史表明，400万～800万年前，在非洲的东部和北部，曾经有大片地区被海水淹没。海水分隔了生活在那儿的古猿群，迫使其中的一部分下海生活，进化成为海猿。几百万年以后，海水退却，已经适应水生生活的海猿，重返陆地，它们就是人类的祖先。海猿历经沧桑，在水生生活中进化出两足直立、控制呼吸等本领，为以后的直立行走、解放双手、发展语言交流等重大进化步骤创造了条件。这使得他们“得天独厚”，超越了其他猿类，进化成为地球上最高等的智慧动物。

把不同动物的生理特征进行比较，可以看出它们之间亲缘关系的远近，这是比较生理学的研究方法。澳大利亚墨尔本大学的生物学家爱彼立克·丹通教授，研究了人类和其他哺乳动物控制体内盐平衡的生理机制。他发现，在这一方面，人类也与所有的陆生哺乳动物不同，而与水兽相似。

还有专家指出，人类的潜水生理相当出色，在古代猿人生活的地方，人们发现一种有名的古迹：史前贝冢。贝冢是一堆堆的贝壳，这是史前古人采食贝类动物的证据。1983年，英国科学家爱尔默和戈顿在发现直立猿人的非洲坦拉、阿玛塔等地，研究了那儿的古代贝冢，发现这些贝冢都是生活在深海中的种类，如牡蛎、贻贝等。得掌握屏息潜水的技术，才能采集到这些贝类。很明显，这些猿人具有出色的潜水本领，这在灵长类动物中也是绝无仅有的。人类是天生的潜水家，他们屏息潜水的时间远远超过其他陆地生物。人类在潜水时，体内会产生一种潜水反应：肌肉收缩，全身动脉血流量减少，呼吸暂停，心跳也变得缓慢。这种反应和海豹、潜鸭等水生动物潜水的反应十分相似。潜水反应不是条件反射，而是由大脑高级中枢加以控制的。这种控制同时也有意识地控制着呼吸，对呼吸的精确控制调节是人类发展语言的基础，没有这种在海猿阶段形成的控制呼吸能力，人类不可能发展如此复杂的发声方法。

2. 人类由天外起源

这些年来，一系列发现又重新唤起了人们对生命天外来源说的热情。首先是人们注意到，地球上的生命尽管种类庞杂，但它们却具有一个模式，具有相似的细胞结构，都由同样的核酸组成遗传物质，由蛋白质构成活体。这就使人不能不问，如果生命果真是在地球上由无机物进化而来，为什么不会产生多种的生命模式？其次，还有人注意到，稀有金属钼在地球生命的生理活动中，具有重要的作用。然而钼在地壳中的含量却很低，仅为0.0002%，这也使人不禁要问，为什么一个如此稀少的元素会对生命具有如此重要的意义？会不会地球上的生命来源于富钼的其他天体里？第三，人们还不断地从天外坠落的陨石中发现有起源于星际空间的有机物，其中包括构成地球生命的全部基本要素。与此同时，人们也发现在宇宙的许多地方存在着有机分子云。这使许多人深信，生命绝不仅仅为地球所垄断。再者，一些人还注意到，地球上有些传染病，如流行性感冒，常周期性地在全球蔓延。而其蔓延周期竟与某些彗星的回归周期吻合。于是这使他们有理由怀疑，会不会有些传染病菌来自彗星？如是，则人是天外来客了。

人的起源是一个自古以来最为人们关注的课题，并与宇宙的起源、地球的起源并列为三大起源之谜。

那么，人类到底是由灵长类、海洋生物还是天外起源的呢？直到今天，仍没有一位科学家能证据确凿地肯定或否认任何一种论断，这依然是困惑人类的最大的难题之一。

人类起源地之谜

人类的起源是困惑人们的难题，而在哪里起源，同样令当今科学家们莫衷一是。

人类的起源推断，主要是依据发现的人类化石而定。当今发现的古代人类化石，多是在亚洲和非洲。19 世纪末在印度尼西亚发现了直立猿人的化石，20 世纪 20 年代，又在北京周口店发现了北京猿人的化石，这两个重大发现，使人们把人类诞生的年代推到了 100 万年前，同时人们相信人类是从亚洲起源的，亚洲人是人类的老祖先。但在 20 世纪 60 年代，科学家们又依据新发现的“东非人”的考古资料，又开始认为非洲是人类最早的发祥地，非洲人最有可能是人类的老祖先。

在今坦桑尼亚奥杜威峡谷一带，很久以来都发现了不少石器，它们和时代十分久远的动物化石并存。远在 1911 年，一位名叫卡特温凯尔的德国生物学家在此采集昆虫标本时，发现了一些动物化石，引起了人们的注意。1931 年，英国人类学家李基博士和他的夫人为寻找早期人类化石选择了奥杜威峡谷这个得天独厚的地方作为发掘基地。这个峡谷是东非大裂谷的一部分，现在峡谷东西长 20 多千米，深 900 多米，两侧悬崖峥嵘，从上至下显示出包括 200 多万年以前到 50 万年以前十分清晰的古地层。它在远古曾是一个断谷湖，在漫长悠久的岁月里，沉积了厚厚的泥沙，这就为人类化石的保存提供了极好的条件。果然，李基夫妇在这里如愿以偿。最初两年，他们找到了一些已灭绝了的动物化石和旧石器时代的粗糙石器，但一直未发现与这种文化相联系的“人”。直到1959年7月17日，李基夫妇经过长达30天的艰苦工作，才取得决定性突破，发现了一具史前人类头骨，被命名为“东非人”。“东非人”的发现，轰动了全世界，以后又有了一系列新的发现。1963年李基博士的长子乔纳桑·李基在同一地层还发现了另外一具比“东非人”还要早的人类遗骨，其生存年代为185万年以前，被命名为“能人”。小李基在20世纪70年代初在其著作《起源论》和《湖上居民》中以为：“能人”直接进化成“直立人”，成为智人和现代人的直系祖先。其他一些人类学家以后又陆续发现了一些新的“能人”化石和足迹，生存年代大大超过了小李基的发现。如伯纳德·恩吉尼奥在肯尼亚的图尔卡纳湖畔发现了生存年代为290万年以前的“能人”化石。特别值得一提的是，1975年在坦桑尼亚北部的莱托利地区，由人类学家玛丽·李基等人发现的“能人”足迹。玛丽·李基在英国《国家地理》杂志上报道了这一发现，并断定其年代在260万年以前。不仅如此，在东非地区也发现了丰富的属于“直立人”的化石。1965年李基博士在奥铎威属更新世堆积层第二层发现了属“直立人”的化石，命名为“李基人”。1969年在坦桑尼亚出土一段属“直立人”的大腿骨。1976年在肯尼亚特卡纳湖东岸附近地区发现了一个相当完整的“直立人”头骨，测定年代为150万年以前。学者们都一致认为“直立人”为现代人的直接祖先。

早在19世纪后半叶达尔文就提出了人类起源于非洲的观点。在其名著《人类的起源及性的选择》中他指出：“在世界各个大区，现存哺育

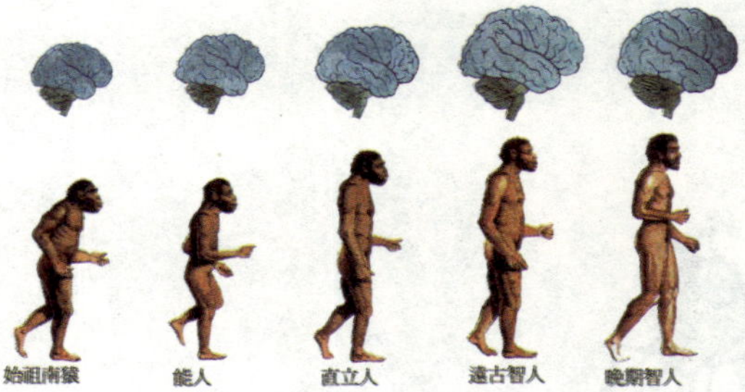

↑ 人类的进化

动物和同区绝灭种是密切相关的。所以同大猩猩和黑猩猩关系密切的猿类，以前很可能栖居于非洲；而且，由于这两个特种现今同人类的亲缘关系最近，所以人类的早期祖先曾生活于非洲大陆而不是别的地方，似乎就更加可能了。”达尔文提出这种观点时，人类化石还很少出土，其他各门与人类学相关的科学也还不发达，所以还只能是一种推测和假设。达尔文的观点曾因“北京人”、“爪哇人”的发现一度被否定过，但现在随着东非一系列人类化石的出土，大部分人类学家都肯定了达尔文的推论。他们的依据有三，一是只有在非洲大陆发现了迄今为止的人类进化各个阶段的化石：从古猿到拉玛古猿、南方古猿以及“完全形成的人”——能人、直立人、智人和现代人。迄今为止已知最早的已完全形成人的化石，也是在非洲大陆发现的。二是非洲地域辽阔、地形多变。有热带浓郁的原始森林，茫茫的大草原，耸秀的高山，幽深的裂谷，成串的湖泊。这些外部条件对猿类进化能起重要促进作用。东非火山活动对人类进化的影响更令人注意。火山引起的山火使热带草原进一步扩大，火山很可能是人类早期工具之一——火的源泉，火山活动堵塞河流造成沙洲、湖泊，火山喷出的各种元素，也使各种动物的骨骼一代胜于一代。三是分子生物学的研究也表明：非洲的大猩猩和黑猩猩与人有最近的亲缘关系，这给达尔文的推论提供了有力的科学依据。人类起源地之谜正在被解开。

人的情绪探秘

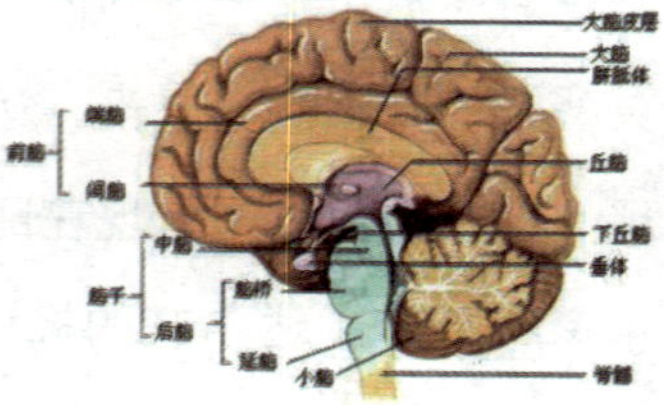

↑ 人脑的结构

常言道：人非草木，孰能无情。婴儿的呱呱落地，儿童的天真无邪，青春期的躁动，中年负重的焦虑，老年的孤独寂寞，以及成功给人带来莫大喜悦和满足的同时，隐藏在心头的患得患失；在历经岁月的艰辛和坎坷的同时品尝到的来自奋斗的喜悦等等，都是人表现出的纷繁复杂的情绪。情绪是什么？人为什么会有不同情绪？

美国心理学家詹姆士和丹麦生理学家兰格认为，情绪产生于植物性神经系统的活动。“先有机体的生理变化，而后才有情绪。”詹姆斯说，“因为我们哭，所以悲伤；因为动手打，所以生气；因为发抖，所以惧怕。”

美国生理学家坎农及其同事巴德不同意他们的解释，指出情绪中心不在外周神经系统，而是在中枢神经系统的丘脑，即丘脑冲动释放之后，同时引起情绪体验和一系列的身体变化。他们在实验中切除了猫的大脑皮质后，并不影响它表现情绪行为的能力，然而，切除丘脑部分后，它表现了情绪的变化，并伴有身体变化，如尾巴竖起，弓背龇牙等。坎农和巴德根据实验的结果，提出了情绪产生于丘脑部位的冲动释放观点。

仅以人的情绪反应和生理反应发生的先后而探究其因果关系，是难以解释人类复杂情绪产生的机制的。心理分析学派代表人物弗洛伊德将情绪与动机过程联系在一起，视情绪为一种能量释放的过程，强调内心体验。而行为主义心理学的奠基人华生则明确提出："情绪是一种遗传的'反应模式'"，他认为人有 3 种基本的情绪反应——恐惧、愤怒和爱。

现代认知心理学主张，知觉和认知是刺激事件与情绪反应的必不可少的中间环节。例如，其代表人物阿诺德指出，在森林中遇到一只熊，会让人产生极大的恐慌；然而，在动物园里即使看到阿拉斯加的巨熊，不但不会引起恐惧，反而使人带着好奇和愉悦的心情，安心地观赏。因为经验告诉人们，关在动物园笼子里的巨熊无法伤害人。她认为，外界情绪信息刺激到达大脑皮层后，此兴奋信息与情境受到大脑皮层的评估，从而产生相应的情绪。

以伊扎德为代表的学者提出了情绪的动机分化理论，认为情绪是在生命进程中分化发展起来的。它包括情绪体验、脑和神经系统的相应活动及面部表情 3 个方面。例如，1 周岁婴儿在被陌生人接近或接触时，作出躲避行为或哭闹等情绪反应，这就是对母亲与陌生人的知觉辨认同对母亲的依恋这种生物—社会性需要之间的结合。这种相互作用过程经过认知整合导致了一定的情绪体验和反应。

关于情绪产生的生理——心理——社会相互作用的理论，正在日益被普遍接受，但是，人类在生命进化的不同时期情绪是否不同，也就是说，自古至今，人类情绪有所不同吗？人类的进化，社会的进步，认知的飞跃还会引导出怎样的新情绪？情绪的中枢神经变化以及异常情绪的体验等等问题仍然困惑着当代心理学家和生理学家，吸引他们努力探索。

史前足迹之谜

1930年，贝利欧学院的地质系主任包罗博士研究了在肯塔基州的一处山上发现的早期人类足迹，这些足迹印出现在古生代的沙石海岸上。研究表明：早在2.5亿年以前，就有一批“人”在这里活动。

1953年5月24日，他对《路易斯尔评论报》的记者说：“3双脚印，明显地可以看到是右脚和左脚的脚印，足部的位置与现代人留下的非常相似。”

会不会是其他生物呢？包罗博士说，不像。因为没有前肢的印痕，这块保留足迹的岩石很大，如果爬过去，就一定会有前肢的脚印，何况，有的足迹还穿着19厘米长的鞋子哩！

可不可能是后人，譬如说，古代印第安人或是其他原始人雕凿或“伪造”的呢？包罗博士说，不会，没有任何雕凿或是切割的痕迹，他还和另外两名物理学家借助显微镜，测算了单位面积的沙粒，结果相同，即脚印内的沙粒密度大于足印外，脚印确实是踩上去的。

但是，2.5亿年前，这一带是大型两栖动物的天下，而人类的出现，仅仅是在二三百万年前的事儿。这些脚印，是谁的呢？

梅斯特（W.J.Mister）是赫克尔公司的监察人，自称是“岩石狂”，也是三叶虫收藏家。1968年6月1日，他偕同家人到犹他州的羚羊喷泉度假，意外地发现了三叶虫的化石。

三叶虫是一种节肢动物，生存在古生代的寒武纪和奥陶纪，距今约5亿年。这种小生物的背面，从头到尾有两条明显的纵沟，把身体分为中部和左肋、右肋三叶模样，是目前人类所发现的最古老的化石之一。

使他吃惊的是，这些三叶虫化石上居然有人的脚印，其中，一只穿着凉鞋的脚正好踩在三叶虫上，脚印长26厘米，顶端9厘米宽，后跟7.5厘米宽，后跟比前端深0.3厘米，是一只左脚。

盐湖城公立学校的一位教育家比特先生在同一地点也发现了一块泥版岩，上面留有一个小孩的清晰的赤脚脚印，5根脚趾隐约可见。

大家知道，5亿年前没有人类，甚至没有猴子、熊等与人足类似的动物，当然也没有鞋子，何况是凉鞋！

到底是什么样的“人”，能在5亿年前的地球上行走？

← 三叶虫化石

史前洞壁“手印”之谜

石器时代的人类祖先，在某种宗教仪式中，是否曾把他们的某个手指切掉？这是研究法国西南部加加斯山洞壁画的专家提出的一个相当有趣而尚未解答的问题。这个山洞里的史前壁画引起的问题，与西班牙阿尔塔米拉及法国拉斯考等地方山洞壁画所引起的问题，同样使人议论纷纷，莫衷一是。加加斯山洞位于欧洲庇里牛斯山脉，距卢德不远，有“手掌山洞”之称。在加加斯山洞里面黑色洞壁上，这些掌印历经 35000 年之久，仍光彩夺目，不曾褪色；有些掌印呈黑色，印在红色框里，另一些则是红色；大多数掌印总有两只或多只手指缺了一截。

加加斯洞穴的手印，也许是现存最古老的洞穴艺术形式，约成于 35000 年前的冰期后期，由今天欧洲人直系祖先克洛麦农人（因其骨骼首先在法国克洛麦农地方出土而得名）所绘。克洛麦农人是旧石器时代后期某些穴居民族之一，但他们不是最早在加加斯山洞壁上留下痕迹的生物。在他们之前，于洞内留下痕迹的是一度在西欧各地游荡出没的巨熊。这些巨熊像今天的家猫在家具上磨利其爪一样，也在洞壁软石上磨锐前后肢的爪，于是就在壁上留下爪痕。在这些爪痕之间，散布着一些凹入土中的连绵曲线，则可能是人类模仿巨熊留下的痕迹，其历史也许比手印还要久远。

加加斯洞壁上，总共有150多个用摹绘或手绘的手印，其中大部分是左手而不是右手的手印。手印本身以及黑色手印四周框框的颜色，大多是红赭色。但不管是红色或黑色的手印，以手电筒或灯光照射，都闪闪生光，因为表面覆盖着一层薄而透明的石灰石，也就是形成石笋和钟乳石的同一种物质。由于加加斯山洞里面极为潮湿，这种沉淀物仍在不断沉积。

与较近期原始社会，例如澳大利亚土著民族和非洲某些部落民族比较，山洞中的手印，很可能是原始民族文身习俗的外延行为。手掌涂上红赭石颜料，再压在洞壁光滑的石块上，便会留下掌印。至于所生的摹绘效果，则可能是手掌压住石壁时，将液体或粉状颜料，吹喷到手上造成的。也许，颜料先含于口中，随后从唇间喷出，但是加加斯洞穴的手印以左手为多，颜色很可能是从右手所持管子喷洒出去的。

但是为什么手指普遍残缺呢？手印通常至少有两根手指的前两节不知去向；有时4根手指均如此；有时除食指外均如此；有时只有食指及中指如此；有时则只有中指与无名指如此；然而拇指永无残缺现象。经过仔细研究，发现这些手指并非只是翘了起来，极可能是被切去的。有人说，由于克洛麦农人生活于冰期的后期，也许因冻疮而失去手指。可是，一些人类学家认为，他们切去一节或两节指节可能是一种蓄意的行为，但是这断指行为有些什么用意，则至今尚无人得知。今天我们知道的是，非洲卡拉哈里沙漠地区一个游牧民族和北美洲的印第安人，也有类似的断指习俗，作为祝祷新生婴儿好运的祭礼或作为祈求猎神赐福的手段。

史前洞穴人类遗迹之谜

在地处南美洲东部的巴西，有数百个曲折幽深的洞穴，这些洞穴形态各异，争奇炫诡，构成各种奇妙的景观，令人目不暇接，如入仙宫。其中有些洞穴里保存着万年古迹，至今未被人们认识。

戈亚斯州拉瓜桑塔约有 400 多个天然洞穴，其中大部分至今尚未开发，从 1971 年开始，近几十年来，一些外国学者与巴西学者组成联合考察队，对其中的 10 多个洞穴进行了发掘和研究，发现了许多令人惊异的奇迹。在拉帕韦尔梅亚洞内，发现了一些古人类遗物和一个完整的人类头盖骨，经科学鉴定，这个头盖骨是距今约 12000 年至 14500 年间的拉瓜—桑塔人化石，这种古人类体质形态的主要特征是：颧骨突出、眼眶狭小、前额低平、面部倾斜而短。在塞特拉瓜斯、马托西尼奥斯、佩德罗—莱奥波尔多等地的一些天然洞穴里的石壁上，有一系列神秘莫测的雕刻绘画、象形符号和考古学家根本不认识的古怪题词，雕工技艺娴熟精湛。佩德罗—莱奥波尔多的西坡有一块面积达 100 多平方米的石山，在怪石嶙峋的悬崖陡壁上，有奇幻多姿的壁画，画面上除了一系列的神秘题词外，还有 4 个指头的手掌、6 个脚趾的脚板、一些形似牡牛、猫和猩猩以及其他一些不能辨认出的动物形象和表现力很强的运载图、游艺图等，构图精巧奇妙，形象栩栩如生。

巴西亚马孙河上游森林的文化遗址上层和地面，发现了大量的陶器碎片，有些陶片上刻印有拟日纹饰和几何图形纹饰，其中有一件上有浮起的鹿头装饰。从大量的石刻来看，较多的是太阳形象，有些学者据此认为当时人们很信奉太阳，这里可能是古人祭拜太阳神的场所。在这里还发现为数较多的女性生殖器的形象，有些学者据此认为，当时这里的社会可能是处于原始母系氏族公社阶段，妇女受到高度的尊敬，人们只知其母，不知其父，世系是按母系计算的，氏族首领由年老的妇女来担任。对洞穴里残存烧炭和灰烬的分析研究，考古学家认为，在这里生活过的古人，至少在 9000 ~ 13000 年以前，那时已经有相当发达的文明。另据一些学者考证，在这里最早的古代居民已全部被毁灭了，在什么时候和为什么毁灭，已无从查考。

有些学者认为，这些壁画题词只有运用极锋利的金属工具才能雕刻成，可是，在几千年或 10000 多年以前还没有金属工具，这些绝不是那时使用的石刀、石凿子之类的原始工具所能完成的。石壁上的题词很有规律地排列着，有些人认为，其中有古人帮助记忆的一些表意符号，并且认为其中有些符号与欧洲斯堪的纳维亚半岛所发现的远古字母颇为相似，从而证明远在几千年或 10000 多年前美洲与欧洲就已经有文化联系，几乎推翻了过去史学界关于欧洲航海家哥伦布于公元 1492 年第一次发现美洲“新大陆”的论断，这引起了许多学者的极大兴趣和热烈探讨，更激起西方读者的强烈兴趣和纷纷议论。石壁上画着 6 个脚趾的脚板、4 个指头的手掌，一些人根据这些奇怪的画像，认为此画正是“天外来客”——“宇宙人”的形象，而绝不是画的地球上的人类，因为地球上人类的每只脚只有 5 个脚趾、每个手掌都是 5 个指头。真相如何？还有待考古学家们今后继续深入探索和研究。

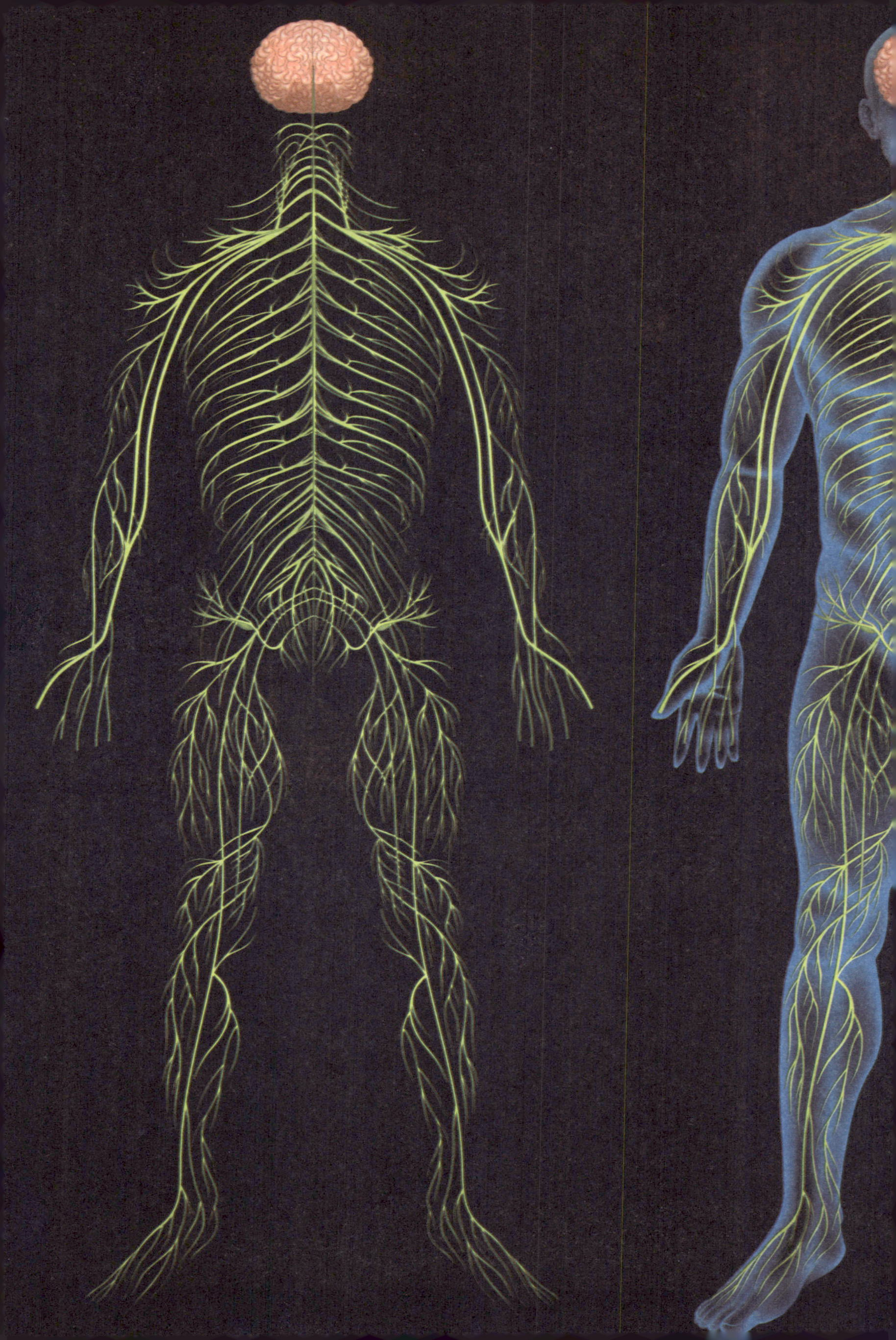

Part 2
人类身体之谜

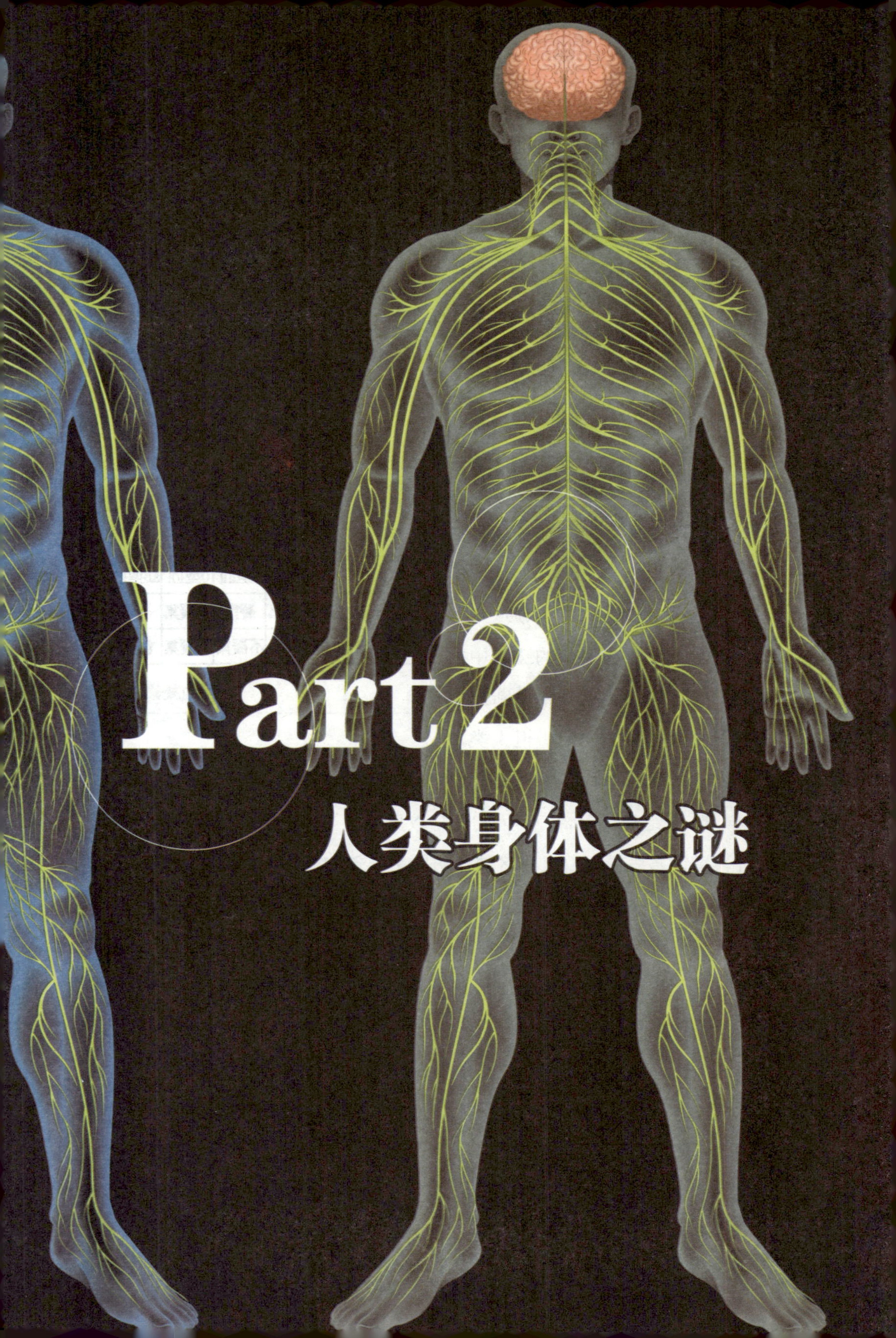

血液的秘密

在血型被发现之前，一代又一代的医学家为了解开血液中的秘密，在未知而神秘的领域中苦苦探索，就像在黑暗的隧道中摸索一样。尽管大自然中不断出现关于血液奥秘的启示，但人类却经历了几百年的艰苦历程，才最终发现了血液的秘密。

	A型血	B型血	O型血	AB型血
A型标准血清	不凝集	凝集	不凝集	凝集
B型标准血清	凝集	不凝集	不凝集	凝集

↑ 血型的凝集反应

15 世纪时，昏庸、年迈的罗马教皇英诺圣特患病后久治不愈。有人替教皇诊病后说，教皇的这种怪病要用小孩的血才能治愈。于是，凶残的教皇命令手下捉来 3 名年仅十几岁的无辜男孩，切开孩子们的血管，让鲜血流进一个大铜盆里，然后又将一些名贵药材掺到血液里，制成药剂，用一支大针管将这些血液输进教皇的血管里。3 名男孩子因失血过多而痛苦地死去了，而那位教皇输血后也并没有恢复健康，反而感到胸闷气短，不久也倒地死了。这件残暴的输血事件可能是最早进行的输血尝试，它不仅导致供血者全部死亡，而且病人也痛苦地死去，这场残暴的尝试以失败而告终。

此后，又有人将动物的鲜血输入人体来治病，也没有成功。但勇敢者还在继续探索。布伦道是英国一位妇产科医生，他通过一场狗之间相互输血的成功实验，证明狗与狗之间确实可以输血，因此，他认为人之间也是能够输血的。1824 年前后，他曾为产后大失血的 8 位产妇输了人血，其中 5 人获救，而其他 3 人则悲惨地死去了。这样截然相反的结果让布伦道很惊讶，为什么有人能存活下来，有人却比输血前更痛苦地死去呢？

潘弗克和兰多伊斯是德国的两位病理学家。他俩经过 20 多年合作研究，在 1875 年发现了溶血现象。当不同人的血液放在一起，有的互不相干，有的则发生溶血现象。这种溶血现象就是血液中的红细胞被溶解破坏而死亡。因而，只有在不产生溶血现象的人之间，才可以互相输血。

1868 年 6 月 14 日，著名的血液研究专家兰斯坦纳出生于奥地利首都维也纳，长大后，他成了一名优秀的医生。1896 年 1 月 1 日，兰斯坦纳来到维也纳卫生研究所，开始了在那里的研究工作。1897 年，兰斯坦纳转入病理解剖学研究所工作。在那里，他进行了一系列富有成效的伤寒病菌的鉴定工作。随后，他开始深入研究血型、抗原、抗体和其他免疫因子，将化学引入血清学，这也是兰斯坦纳对医学科学的最主要贡献。

1900 年，兰斯坦纳通过对人体的液体组织——血液的研究，发现了红细胞的凝集反应。即当一个人的血液中的红细胞与另一个人的血清混合后，有

表 1　ABO 血型系统的基因型和表型

基因型	红细胞抗原		表　型
	A抗原	B抗原	
I^AI^A、I^Ai	+	−	A
I^BI^B、I^Bi	−	+	B
I^AI^B	+	+	AB
ii	−	−	O

↑　ABO 血型系统的基因型和表型

时这些细胞会凝成一团，其凝集相当紧密，即使用力振荡，也不能让它们散开。这种凝集反应见于人类的不同个体以及不同种的动物之间。这种红细胞凝集是血清免疫反应的一种表现。因为红细胞表面含有一些统称为凝集原（或称标记物）的抗原性物质，所以，红细胞在异体或异种血清作用下会发生凝集，而血清中则含有相应的统称凝集素的特异性抗体。当含有某种凝集原的红细胞遇到一种与它相对抗的凝集素时，就会发生一系列的凝集反应，使红细胞凝集成团。

经过广泛的实验和临床实践以及细致的交叉比较，兰斯坦纳选择不同的人，采集他们的红细胞和血清进行交叉反应。结果发现，有些场合的红细胞出现或大或小的凝集状，而有些场合红细胞则不会出现凝集现象。他发现在人类的红细胞中含有两种不同的凝集原，他称其为 A 和 B。兰斯坦纳进一步确定了这些成分，并根据红细胞所含凝集原的不同，他把人类血液区分为 4 种基本类型，即 O、A、B、AB 型。

“ABO 型系统”的出现，引起了当时医学界的极大轰动，并使外科手术中的失血问题得到了解决。无数失血过多的伤病员，通过输入与自身血型吻合的他人血液而重获新生。

生物化学家巴纳德·狄克逊曾经说：“每个接受过输血或器官移植的人都应感谢兰斯坦纳的发现。”

胃消化食物的秘密

在古代，医学还不发达，人们一度认为胃是“磨子”、“蒸锅”。人们发现虎、猪、豹、羊吃进的骨头、肉块、粮食和草料经过胃消化后，都变成了一堆糊状物，基于这个种原因，人们认定胃有“磨子”或“蒸锅”的作用。

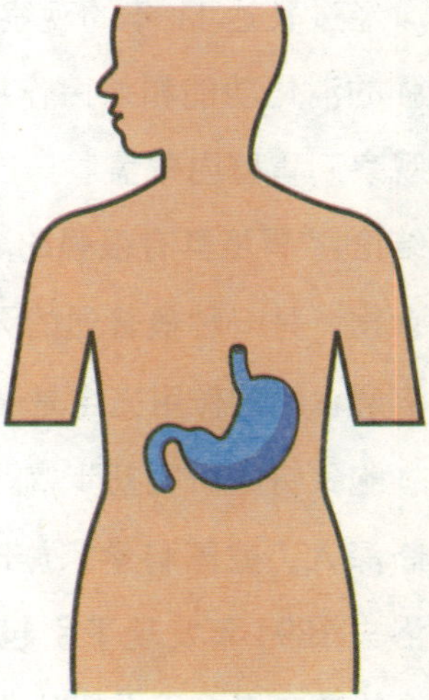

↑ 胃

对于此种说法，意大利生理学家斯帕兰札尼持怀疑态度，他决心做实验来弄清胃的真实功能。在反复思考后，斯帕兰札尼设计了这样一个实验：在一个金属管中塞进一块生肉，同时在这个金属管上扎许多小孔，然后将两端塞严，以防肉掉出来，接着，强行让一只山鹰吞下这个特殊的金属管。过了一段时间，斯帕兰札尼取出金属管，发现小管完好无损，两端的盖子也还原封不动地盖在上面，但让人感到奇怪的是，管中原来的生肉块变成了一些黄色的液体。

斯帕兰札尼通过这个实验，弄清楚了胃消化肉的过程原来是一个化学过程。但是这一过程是如何进行的，黄色液体又是如何产生的，他还是没有弄明白。

1822年6月2日，在美国靠近加拿大边界的密执安小岛上发生了一起猎枪走火事件，这次纯属意外的事件揭开了有关胃的消化过程的秘密。

那一天，年轻人圣马丁在集市上被猎枪误伤，子弹打穿了他的胃。当地驻军军医鲍蒙特闻讯赶来，帮助他止血治伤。一年后，圣马丁恢复了健康，但是腹部却留下了一个直径约2.5厘米的瘘口。鲍蒙特通过这个由一层薄膜覆盖的洞口，可以直接对胃的消化过程进行观察。

经过长达11年的观察，鲍蒙特最终明白了胃液含有稀盐酸，具有很强的消化功能和杀菌作用。他还发现蛋白质在胃中能转化为氨基酸，并观察到胃壁内覆盖着一层淡红色的黏膜。于是，鲍蒙特公布了他的研究结论："胃液具有很强的溶解能力，它能溶解包括坚硬的骨头在内的各种食物，是一种最普通的天然溶剂。通过观察得来的大量证据说明，胃液溶解食物的作用完全是一个化学过程。"

鲍蒙特的研究初步揭开了胃的消化秘密，从此人们对胃的科学探索不断深入。德国科学家施旺1836年发现了胃蛋白酶，俄国生理学家巴甫洛夫1894年发现了引起胃液分泌和胃的运动的神经反射过程都是由于食物的刺激。至此，人们总算对胃的性质和机理有了基本的了解，并进一步得知：胃进行活动和消化人类吃的各种食物用的是相同的方式。当一个人愤怒或焦虑时，他的胃酸分泌增多，消化加快，而在他颓丧或忧郁时，其胃酸分泌减少，消化减缓。如果食用"刺激性调味品"及大量饮用烈性酒则会大大刺激胃酸的分泌，使其猛增。

胎儿在子宫内的运动和情感变化

科学家可以借助超声扫描技术直接从荧光屏上观察胎儿的生活，从而更好地研究胎儿在子宫内最后几周的运动和情感变化。

妊娠期间，母亲的腹内并不是一个理想的安静场所，有大量的声音传入胎儿的耳内，胎儿会不断地“凝神倾听”。母亲胃内发出的咕噜咕噜的声音是最为嘈杂的。另外，胎儿还能倾听到母亲与他人轻微的交谈声。然而，母亲那富有节律的心脏搏动声才是支配胎儿所处环境的声音。如果心脏的节奏正常，胎儿就会知道一切正常。

胎儿在最后几周的时间里感官已发育良好。在腹内，视觉是不重要的。但是在孕妇裸露的腹部加一道明亮的光线时，胎儿会睁着眼睛，把脸转向有光的地方。当播放录音时，胎儿会转动脑袋，把耳朵靠近声音。

胎儿在出生前的一些生理活动为其出生后的生存打下了基础。胎儿不需要呼吸，但横膈也要像呼吸时那样上下运动。胎儿由母亲供给营养，但自己也要“进食”（吞一些羊水），吞咽时会引起一串打嗝。这时，母亲能感觉到胎儿在进行一系列小的、有规律的跳动。

令人难以置信的是，胎儿竟然有灵敏的味觉，若在羊水中加入味道苦涩的脂醇，胎儿吮吸的次数就会减少，甚至出现皱眉的表情。与此相反，把糖等带有甜味的物质加入羊水中，胎儿吮吸的次数就会剧增。

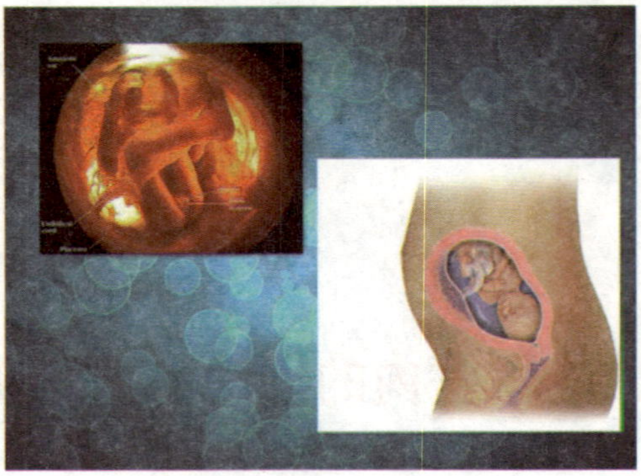

←胎儿在子宫中

母体遇到的意外状况也会影响胎儿。当母亲重重地跌了一跤时，胎儿在羊水等缓冲保护作用下不会受伤，但会被惊醒，并开始躁动不安。母亲的疼痛和紧张会使体内肾上腺素和其他与紧张有关的激素分泌增加，此时供给胎儿的血液量会相对减少，这时胎儿会感到不安，并会哭。但子宫内没有空气，所以胎儿的哭并没有声音。当母亲平静下来，激素分泌恢复平衡时，胎儿又会恢复原来的状态。

以图像的形式直接观察胎儿的生活，是现代技术应用于医学研究的结果，对进一步研究和了解胎儿的生长、发育，以及对研究优生的方法都起到了极大的促进作用。

人类细胞衰老之谜

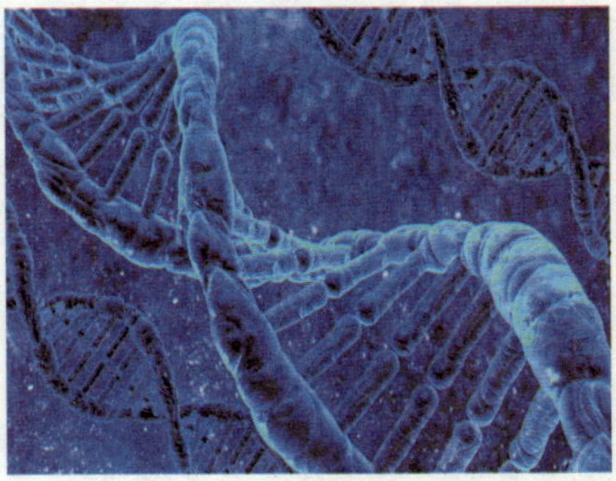

↑ 揭开长寿基因的秘密

世界各国科学家都孜孜不倦地致力于探索生命衰老之谜，到目前为止已初步发现，人类细胞衰老的主导基因 P16 在人类细胞衰老遗传控制程序中居于主要地位，揭示了 P16 基因在衰老过程中高表达的原因，从而可以说是初步揭开了人类细胞衰老之谜。

这个研究项目采用的是国际公认的人类细胞衰老模型，它通过对人类细胞衰老的主导基因 P16 的作用机理及其调控的研究，从而初步阐明了 P16 基因的作用地位，P16 基因不仅是细胞衰老遗传控制程序中的主要环节，而且它还可以影响细胞寿命与端粒（细胞的生物种）长度。它主要是通过调节 Rb 蛋白的活性，而不是通过激活端粒酶起作用的。

研究人员在研究过程中发现 P16 基因存在一个负调控的元件。此负调控元件相当于 P16 基因的刹车装置，它的基因序列为 GAAGGT。研究人员还发现了掌管这一刹车装置的蛋白质因子，这个因子的分子量约为 24000 道尔顿。通过进一步研究显示：年轻细胞的这种蛋白质因子可与负调控元件结合，从而抑制 P16 基因表达，而衰老的细胞因为缺乏此因子，所以造就了 P16 基因高表达。

童坦君表示，生物衰老的基本单位是细胞衰老，它也是人类老年病的共同基础。"一切生物学关键问题必须在细胞中寻找"已经获得当前生物学家们的共识。通过"衰老细胞与分子机理研究"这一课题，我们至少可以说，可以利用基因重组技术来进行调节人类某些细胞的寿命。

2001 年 8 月，美国科学研究人员也发表研究报告表示，在破解人类寿命之谜的路途上科学界又前进了一步，科学家们已经发现，决定人类寿命的"长寿"基因位于第四号染色体上。

人体生长逆转之谜

众所周知，人在从孩童走向成年的过程中，向来都是由矮变高的。可是关于人越变越矮的事例也是古已有之。究竟是什么导致某些人由高变矮呢？在神话故事《西游记》中，孙悟空会七十二般变化。他与妖怪斗法时既能变成顶天立地的巨人，又会变得小如芥籽，人不可见。然而，现实世界中发生人由高变矮的奇怪事例，着实令人惊奇不已。

20 世纪 60 年代，有位居住在意大利西西里岛的卡塔尼亚城年仅 15 岁的姑娘，名叫安达尼娜·达密尔，正值青春发育时期，突然得了一场怪病，身体不断缩小、变矮。仅仅 3 个月的时间里她的身高足足缩短了 1/3，甚至于说话的功能也随之退化，后来竟然像 3 岁娃娃那样“奶声奶气”了。

有关专家认为，这种生长逆转现象可能是由于病人的脑垂体激素停止分泌的缘故。当脑垂体激素停止分泌时会使对人体蛋白质合成起重要作用的酶失去活性，从而造成蛋白质合成迅速减少，于是人体的组织细胞就开始萎缩。人体长高是因为人体组织细胞的大量增生，一旦人体组织细胞萎缩，人的皮肤、肌肉也会随之萎缩，这个是能够理解的，但至今令人不解的是：已长成的骨头也能够变短吗？

1982 年美国发现一个妇女，她就是越长越矮。最后她全身收缩，50 岁时体重只有 34 千克。据诊断，她得的是代谢性骨病——成年型磷酸酶缺乏症。这种病是一种极为罕见的遗传病。主要是脊椎距离变窄导致躯干缩短，大腿发生弯曲变形，故下肢变短。结果她的身高缩短了 34.2 厘米。

可是古今中外报道的越变越矮的人，是否都得了这同一种病呢？这个问题恐怕难以解答，但想来恐怕不是。那么究竟是什么原因使他们由高变矮的呢？相信这个困扰人们很久的谜将会随着人类科技的发展而大白于天下。

人体“生物钟”之谜

在世界上，整个生物界好像都在按着同一个时刻表在有规律地运转着，例如夜晚万物入眠，清晨鸡啼鸟鸣。当你每天都需要在某一特定时刻内醒来时，在开始几天可能必须借助于闹钟之类的提醒，可是，日子一久你就会惊奇地发现，当不再借助闹钟时，你仍然能在大约这个时刻里醒来，中间的误差甚至相差不了几分钟。

这说明，人体内部有一定的生命节律，有一种类似时钟的机构，这种结构不依赖外部条件而自行运转，指挥人体的正常生理活动，这就是人体的生物钟。可是，究竟是什么使人体产生了生命节律，这个控制节律的生物钟在哪里？

有人根据达尔文的进化学提出了进化学说，这种学说认为，人类之所以有生物节律，是因为生存的需要，人类只有在生理上、行为上适应了环境的节律，才能得以生存。人类长期的进化过程，使得体内有利的基因能够得到遗传，这样，就使后人出现天生的生物节律，而这种节律又受到周围环境的影响。

另有一些人认为，人体的生物节律是外源性的，也就是说控制生命节律现象的动因，是某些复杂的宇宙信息。人类对广泛的外界信息，如

← 人体生物钟

电场变化、地磁变化、月球引力以及光的变化等特别敏感，这些变化的周期性能够引起人体生命节律的周期性。

日本科学家也有了一个新的发现：原来人类的生物钟同时钟并不同步。人类生物钟的周期是 24 小时 18 分钟，也就是说人类生物钟每天比时钟慢 18 分钟。

既然人体生物钟每天会晚 18 分钟，那么为什么生物钟与时钟这种不同步现象不会累计起来最终打乱人们的生活规律，从而让人醒来得一天比一天晚呢？研究者说，光线会通过影响体内激素水平和体温等多重因素来不断重新设定生物钟，这种解释应该是比较合理的。

哈佛大学的神经生物学家已确定了生物钟所在的部位，它位于大脑的后部，由特殊的细胞组成。它的两大部分分别位于大脑的两个半球。

人的异食之谜

毒蛇、蜈蚣、蟾蜍、稻草、石砂、泥土、煤炭、汽油、书本、衣服、玻璃……这些都可以列入异食者的“食谱”中。

英国26岁的青年詹姆斯，因在出租车排班处闹事被捕，被送进了西约克郡警察局的一所监狱。但在审讯时，他却穿着一套警察制服出庭。

←印度男子吃砖头20年

原来，詹姆斯有一种怪癖，对衣物胃口特佳。他在狱中吃光身上的所有衣物，包括衬衫、长裤、内裤、袜子甚至鞋，他出庭时穿的警察制服，是辩护律师临时给他找到的。

美国华盛顿州40岁的妇女艾玛也喜欢以衣服为食。她说："我看到美丽的衣服时，往往会流口水。尤其看到较厚的外套时，很想拿到嘴里咀嚼。然而，最使我垂涎的是丈夫的衣服。"据她说，丈夫的衣服最合她的胃口。她丈夫对衣服常丢失感到奇怪，后来才知道被妻子吃掉了。

这类事情从"食癖"的角度来看不难理解，因为人的胃的容纳与消化能力毕竟是相当强的。16世纪时，英国有位吃书的妇女，开始每天吃一本，后来索性把书当饭吃。医生曾让她禁吃"书餐"3天，她竟苦熬不过，百病丛生。到了第四天继续吃书，便又精神焕发。丈夫和子女为她四处选购"书食"。她吃的书，首先要干净，最好是新书。这位"食书癖"患者在当时被称做"把书店吃进肚子里的人"。

真正令人不可思议的是，那些看来根本不可能为胃接纳的东西，在有些人那里却被身体完好吸收，而无任何中毒或受损迹象。

南非青年萨尔门素以生吞毒蛇驰名于世。他说："我捉到毒蛇后用木棍把它打晕，才容易吞到肚子里，但不久毒蛇会苏醒过来，在肚里乱撞，我心里感到非常舒服。"其胃何其异然！

中国喜食蛇者不乏其人。桂林市的尧韦心喜吞眼镜蛇、蟾蜍等，几天不吃就会感到周身无力。山西的孙庆顺是当地出了名的"蛇阎王"，多年来他生啖活蛇达800多条，其中包括剧毒的五步蛇。他吃法独特，将蛇头拉直，用齿噬开蛇腹，先将蛇血吮尽，然后饱啖蛇肉。在一次庙会上，人们正在看晋剧演出，未防一条两米长的毒蛇从戏台角窜出，它蓝鳞披甲，毒信吐沫，惊得众哗逃避。孙庆顺却大喝一声："吠！"上前擒住其蛇。随后当众将毒蛇生啖，见到那蛇在“蛇阎王”嘴中半露尾巴甩来甩去，众人个个心惊。

摩洛哥有个20岁的青年阿蒂·阿巴德拉，他每天要吃掉3个玻璃杯。他说，咀嚼玻璃杯就像咬脆苹果一样爽快。从14岁起，阿蒂已吃掉了8000个玻璃杯。好奇的人们都以观看他进“玻璃杯餐”为乐事。吃玻璃杯并非这位摩洛哥青年生来俱有的能力。当他14岁时的一天午夜，从睡梦中醒来，一股咬嚼硬物的感觉促使他抓起床沿的玻璃杯便使劲地咬，并将裂片咯咯地嚼成碎片。从此玻璃杯成了阿蒂每日必备的特殊“食品”。摩洛哥健康中心的医生从阿蒂的X光片中检查不出任何结果，他的口腔、胃肠都没有损伤的痕迹，也找不到玻璃的碎末。医生说，这是医学常理无法解释的奇异现象。

印度的库卡尼吞食日光灯管时，就像品尝甘蔗一样津津有味。他经常为观众表演这种“进餐”。观众常自费买来日光灯管供他咽食。只见他敲去灯管两端的金属接头，抱着玻璃管子，狼吞虎咽地吃起来，仿佛他不是在吃玻璃管，而是吃甜脆可口的甘蔗。他一面咀嚼一面竖起大拇指，啧啧称赞：“好吃，好吃！”“进餐”表演结束，还让观众检查口腔，他的嘴唇、舌头、牙床乃至咽喉都无出血或破伤，实在令人惊奇。医学专家曾用X仪器和最新技术，对库卡尼进行过全面的细致的检查，没有发现任何与众不同之处。

法国的洛蒂图能吞下铁钉、刀片、螺栓。先前他也喜好吃玻璃。依他的习惯，吞吃硬物时，需伴以开水“助膳”；由于吞吃金属比玻璃所需开水少，使他对“金属餐”产生了偏爱。在一次记者招待会上洛蒂图当众吃下一份夹有刀片、铁钉、硬壳果等馅料的三明治。会后，记者们立刻要求洛蒂图到就近医院检查，X光师指着当时拍下的洛蒂图的X片表示，他的胃里有一大堆金属。洛蒂图甚至还用6天时间，吃掉了被解体的电视机。医生说，洛蒂图的胃、肠、喉部壁膜看来特别厚。这位法国异食者已提出他死后将献出身体供科学研究。

如果说吞食毒蛇在于人体异常的解毒能力，吞食玻璃、金属在于人体异常的消化能力，那么不需要饮食而只喝进棉油或汽油的人，他们的生理特殊性又该作何等推论呢？

湖北省公安县农民梁必芳1987年时44岁，已有15年只喝生棉油的历史。1972年秋，她生了一场大病，不想吃东西，喝生棉油却感到全身分外舒服，从此就一直靠喝生棉油度日。15年来共喝下生棉油55000千克，平均每天1千克。梁必芳的身体也一直健康无恙。

法国水手华安列克已年过半百，他此生虽无异食之好，但以从不喝一滴水而出名。有人不相信，邀他去非洲撒哈拉沙漠旅行，那人用5只骆驼带足了水，走了20天，华安列克滴水未进，一路上还大嚼饼干。看到这位长得又壮又胖的水手，谁也不会相信他是不喝水的人。

人脑“死而复生”之谜

“死而复生”是从古至今许多人追求的目标，人脑的死亡就预示着人的死亡，如果人脑能“死而复生”的话，那么，人不就能死而复生吗?科学技术的发展，似乎正在一步步把这个“死而复生”的神话变成现实。

2002年1月中旬，世界上的实验获得成功：一只大脑在超低温下完全阻断血流达80分钟之久的实验猴“死而复生”。这次手术是上海长征医院、昆明医学院附属二院和南京军区福州总医院联合进行的一次攻关项目。这项神经外科研究领域的重大突破给人们提出了一个重要问题：猴脑能复活，人脑是不是也能复活呢?

在常温下，人和动物的大脑血流阻断的极限是5～8分钟，一旦超过这一极限就会因脑缺氧而死亡。可是在这个实验中为什么这只猴子能断血80分钟而不死呢?

说到底，它的保护神是超低温。科技人员在研究中发现，脑温每降低1%；细胞的耗氧量就降低4%，而脑温降低20℃，脑细胞便几乎不再耗氧。所以脑温越低，就越能使脑细胞承受缺血缺氧的时间得以延长，也越能保护脑神经元。

猴脑复活，对人脑损伤修复有着非常重大的意义。猴脑与人脑在解剖学上差异非常小，二者的血管造影等几乎完全一致。应该说，在实验猴身上成功的脑部手术，在人脑手术中也有极大的可能会成功。

上述在超低温下的脑部断血再复苏的手术，比较适用于那些特重型颅脑伤、颅底肿瘤和巨大动脉瘤患者。它不仅能减少手术过程中大出血的危险，从而为医生赢得更多的时间，使手术变得简单和容易，而且在人脑损伤修复中采用这种脑部断血方法不会对病人其他脏器造成损害。

对于植物状态患者，现在的先进医疗设备和技术可以长期维持其呼吸和心跳，并能从体内排除废物，可是这不等于患者还活着，当然也不能说死者还可以复活。所以，人们通常所说的“植物人”中有很大一部分可能已经死亡。正确做法是，要尽快地、仔细地对脑干或脑干以上中枢神经系统进行系统性检查，以确定究竟是否已经发生脑死亡。如果确实已经证实发生了脑干死亡或者大脑皮质弥漫性坏死所导致的永久性植物状态，那么就要停止一切以复苏为目的的医疗活动。

一般来说，脑干死亡＝脑死亡＝死亡。

其实，如果发生了弥漫性脑损伤，一般来说大脑皮质死亡要先于脑干死亡，所以采用脑干死亡作为个体死亡的判定标准更具有保守性、安全性和可靠性。举个例子来说，当人体缺氧时，脑细胞对缺氧耐受时间分别为：大脑皮质大约 4 ～ 6 分钟；中脑 5 ～ 10 分钟；小脑 10 ～ 15 分钟；延髓／脑干 20 ～ 30 分钟。

在人死后，如果借助器官保存液可以使各种离体的器官安全保存一段时间：小肠大约两小时，心脏 6 小时，肝脏 24 小时，肾脏 48 小时。这种方法可以说就是死中有“生”，不过这种“生”已经不能说明生命个体的继续存在了。

人的“第三眼”之谜

我们从神话传说可以看到许多神仙都有 3 只眼睛，除正常的一双和常人无异的眼睛外，还有一只眼睛长在额头上，而且这只眼具有无上的神力。

神话毕竟是神话，自然与现实不同。可是，也许你想不到，其实你、我、他等芸芸众生，虽然不是神仙，却同样也长着 3 只眼！

希腊古生物学家奥尔维茨，在研究大穿山甲的头骨时，在它两个眼孔上方发现了一个小孔，这一小孔与两个眼孔成品字形排列，这引起他很大兴趣。经反复研究，这个小孔被证明是退化的眼眶。这一发现，轰动了整个生物界，自此以后，各国的生物学家纷纷加入研究行列。各项研究结果表明，鱼类、两栖类、爬行类、鸟类、哺乳动物，甚至包括人类，都有 3 只眼睛。人们通常忘记了自己的第

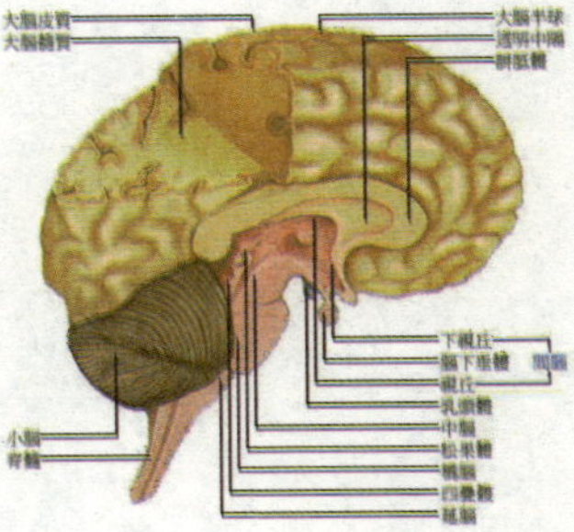

↑ 松果腺体在脑中的位置

三只眼，或是从来没有想过它的存在，这只是因为这只额外的眼睛已离开原来的位置，不在脸部表面，而是深深地埋藏在大脑的丘脑上部，而且拥有另外的名字——松果腺体。

人的第三眼已经变成一个极为独特的、专门的腺体，人体中除了松果腺体以外，再也没有其他腺体具有星形细胞。星形细胞不是普通的细胞，它在大脑半球中含量十分丰富。至于腺体和神经细胞究竟为什么会盘根错节地缠绕在一起，人们还不是很清楚。

现在，第三眼的功能和另两只眼睛相比虽然功能迥异，但还是有点“藕断丝连”，松果腺体对太阳光有极强的敏感性，它通过神经纤维与眼睛相联系。松果腺体在太阳光十分强烈时受阳光抑制，分泌松果激素较少；反之，碰到阴雨连绵的天气，松果腺体就会分泌出较多的松果激素。

此外，人们发现在第三眼的组织结构中含有钙、镁、磷、铁等晶体颗粒。刚出生的婴儿根本没有这种奇怪的称之为“脑砂”的东西，在15岁以内的孩子中也极为少见，但是15岁以后，“脑砂”的数量就开始逐年增加。在第三眼中有那么一小堆砂子，竟丝毫不会影响它本身的功能。看来，科学家对它的研究还有待深入。

“人脑计算机”奇人之谜

当今，人类对高速度、高容量、高度可靠的计算机正在进行大规模的研究，而对于那些具有“人脑计算机”之称的人，往往研究得不够，使人们对那些心算天才的非凡能力一直迷惑不解。

1981 年 5 月，在西欧核子研究中心，上百名科学家亲眼目睹当代心算天才克莱因的心算表演，观众随意出了一道题：12345÷85，他不假思索地写下了得数：145.235294117647058……有人又要求他完成百位数开 13 次方演算，他仅用了 1 分 30 秒就写出了正确的答案，而这样的演算，即使当时的一般电脑尚且不能马上完成。这不能不使在场的数百名科学家目瞪口呆。其实，这还不是克莱因的最快纪录。据日本东京大学发给他的一份证书证明，克莱因曾在 1 分 28 秒的时间内完成了开一个任意百位数的 13 次方，得到与大型计算机同样正确的结果。

威·克莱因 1912 年诞生在荷兰首都阿姆斯特丹，父亲是医生。克莱因从小就显示出了非凡的数学天才。儿童时代，小学老师就发现，克莱因“离开了数学，就要生病”，阿拉伯数字几乎成为了他的一种必需品。克莱因首次成名是 1954 年在日内瓦电子计算机展览会上。当时，许多观众围着一台新型计算机，惊叹不已。克莱因钻进人群里，让大家给他一个数，他可以算一下，检验检验这台电子计算机算得对不对。起初，人们对这个相貌平常的荷兰人并没有怎么在意，可是，当克莱因已报出计算结果，而电子计算机还在轰隆轰隆地运算时，人们马上对他刮目相看了。克莱因的脑子超过了眼前正在展出的新型计算机，整个展览馆轰动了！从此，克莱因成了比新型电子计算机更使人感兴趣的国际科学界的新闻人物。

1958年，克莱因受聘于日内瓦西欧核子研究中心。在当时计算机还不够发达和普及的年代里，他作为一部“人脑计算机”坐在办公室里，随时回答携带数据请他计算的科学家们的问题。同时，克莱因也经常受电视台邀请去做心算表演的实况转播。1981年4月23日下午，克莱因在巴黎一家剧院向电视观众表演。一位观众请克莱因算一算38×22×37的得数，克莱因马上写出30932，而且直摇头，说给他的题目过于简单了。当他心算另一观众出的4529÷29这道题时，他把得数156.17241393103414827……一直写到黑板边沿、观众的掌声把他打断为止，总共才用了20秒钟。

许多在常人们看来相当复杂的运算，例如计算某年某月某日是星期几，任意百位数开13次方的演算等，对克莱因来说，都是轻而易举的事。有人曾劝他写一本书，解释一下他是怎样运算的，他说：“要写书解释，确非易事。有些题目的算法，你可以弄明白，但有些算法，我给你讲了，你还是不能运算。”

蹈火不伤之谜

↑ 赤脚踩火

在自然和超自然这两个领域之间，有一种现象，因为暂时依然没有更恰当的名词来称呼，只好称之为“不可能的”身体异能。很多表演这些惊人动作、显得坚忍、强壮、刻苦的人，都把自己的异能归因于独特的超自然或宗教力量。当然，在很多事例上，他们两种力量都没有，只是在谈到自己有这种表现是自欺欺人罢了；这些人有的是体能超卓的，也有喜好幻想的。然而，有些个别的人好像真有本事，能做出看似绝无可能的事来，而所用的方法不但无法解释，也使我们不敢妄下断语。

美国檀香山主教博物馆有一位名叫威廉·塔夫茨·布里格姆的著名人种学家，曾经讲过一个有关蹈火秘术的典型故事。布里格姆自小在夏威夷长大，年轻时，由于机缘巧合，说服了3位朋友（当地的巫师），教他蹈火之术。有一天，他知道一股新熔岩流在几劳亚火山附近出现，就不禁雀跃起来，因为他期待已久的蹈火表演良机，终于来临了。

布里格姆和他的朋友，几经艰苦，在隆隆作响不已的火山山坡，攀爬了 3 天，才抵达一个围住一大片熔岩的峡谷。他后来回忆道:“我们把石头投入那片熔岩，证实熔岩表面的硬度，可以承受我们的体重后，我那几位朋友便沿着峡壁爬下去……熔岩表面正在变黑，因热力而引起的颜色变化时隐时现，就像铁匠将要投进水箱的一块逐渐冷却的铁……一想到要走过一片平坦但叫人惧怕的熔岩，就令我不寒而栗。”

3 位巫师在闪闪有光的熔岩边缘停下来，气定神闲地开始用古夏威夷语吟唱，而布里格姆却感觉自己“差点儿给高热烤熟了”。然后，“最年长的一位，毫不迟疑地，在热得惊人的岩面赤足快速走动”。布里格姆看得目瞪口呆，突然给人从后面猛推，旋踵间也在那片炽热熔岩之上，只好拼命往前跑了。

布里格姆当时穿着靴子，但跑不了几步，靴子的缝口就给烧断了，一块靴底随即掉下，另外一块也开始松脱了，只好穿着袜子，跑完最后的途程。说来奇怪，袜子竟没着火，只有与破靴子鞋帮（熏焦了）接触之处烧焦了。布里格姆还说:“我的脸孔和身体都感到很热很热，但足部却好像完全没有这种感觉。”他跑到熔岩的另一边后，足部仍旧没有温热感，而且像巫师的足底一样，连一个水泡也没有。事实上，他觉得回程时，赤足不穿靴子下坡，远比在熔岩上行走要痛苦得多。布里格姆自此直至 1926 年去世那天，始终没有改变对自己蹈火之行的解释:“那是魔术，是巫师和其他原始民族的一种异能。”

布里格姆的经历颇称离奇，却也并非空前绝后。宗教上的蹈火仪式，在世界各地盛行已经有好几千年的历史，就是今天，也仍旧在印度、马来西亚、日本、斐济群岛、大溪地、夏威夷、菲律宾、新西兰、巴尔干半岛等地流行。最常见的是，蹈火者在铺着一层炽热煤炭的浅坑上走过，有时候更是直截了当，走过一堆柴火，或者沿着一条炽热碎石小径前行。他们这样做可能是为了安抚神灵、净化灵魂、判定是否有罪或履行誓约。虽然有人创下蹈火60多次的纪录，但据说差不多所有表演蹈火的人，都无灼伤迹象。

怎么可能毫不灼伤呢？除了宗教或巫术解释外，还有种种不同的科学解释。例如，有人争辩说，坑底的煤可能是用某种方法堆垒起来的，火道内的气给耗尽后，便无法燃烧下去，但从未有人成功示范出整个过程。而且，这个说法，也没有就其他类型的蹈火技术，比如在熊熊熔岩上走动提出科学证据，更不曾解释怎么样可以免受辐射热灼伤。魔术大师胡迪尼认为，表演蹈火的人，若不是耍弄花招，便是在脚底下涂上某种防火膏。然而，再三对蹈火者足部作出仔细检查后，却找不到任何事先布置的痕迹，不少科学家甚至怀疑究竟有没有这种药膏。

也许美国学者小梅恩·里德·科博士的解释，更为合理，因为他本人曾经走过30米长的火坑，舔过赤热铁棒，并且表演过其他令人难以置信的绝技。他有一次推测，汗液或唾液内的水分蒸发后，会形成一种微小的气垫，可以在短暂的时间内保护肌肉，使之不会与过热的物质直接接触，有了这层保护体，只要蹈火表演的时间不太长，肌肉就不致灼伤。但这层假想的保护体，虽然实际上可能存在，也似乎不是每一个人都适用的。1935年，在伦敦大学进行的一次著名蹈火实验中，一位名叫库达·巴克斯的克什米尔青年，走过一条长11米的火坑而未受损伤，但当两名观众，也想仿效巴克斯时，只走了几秒钟，两个人的脚底马上长满水泡，有一个更受伤流血呢。

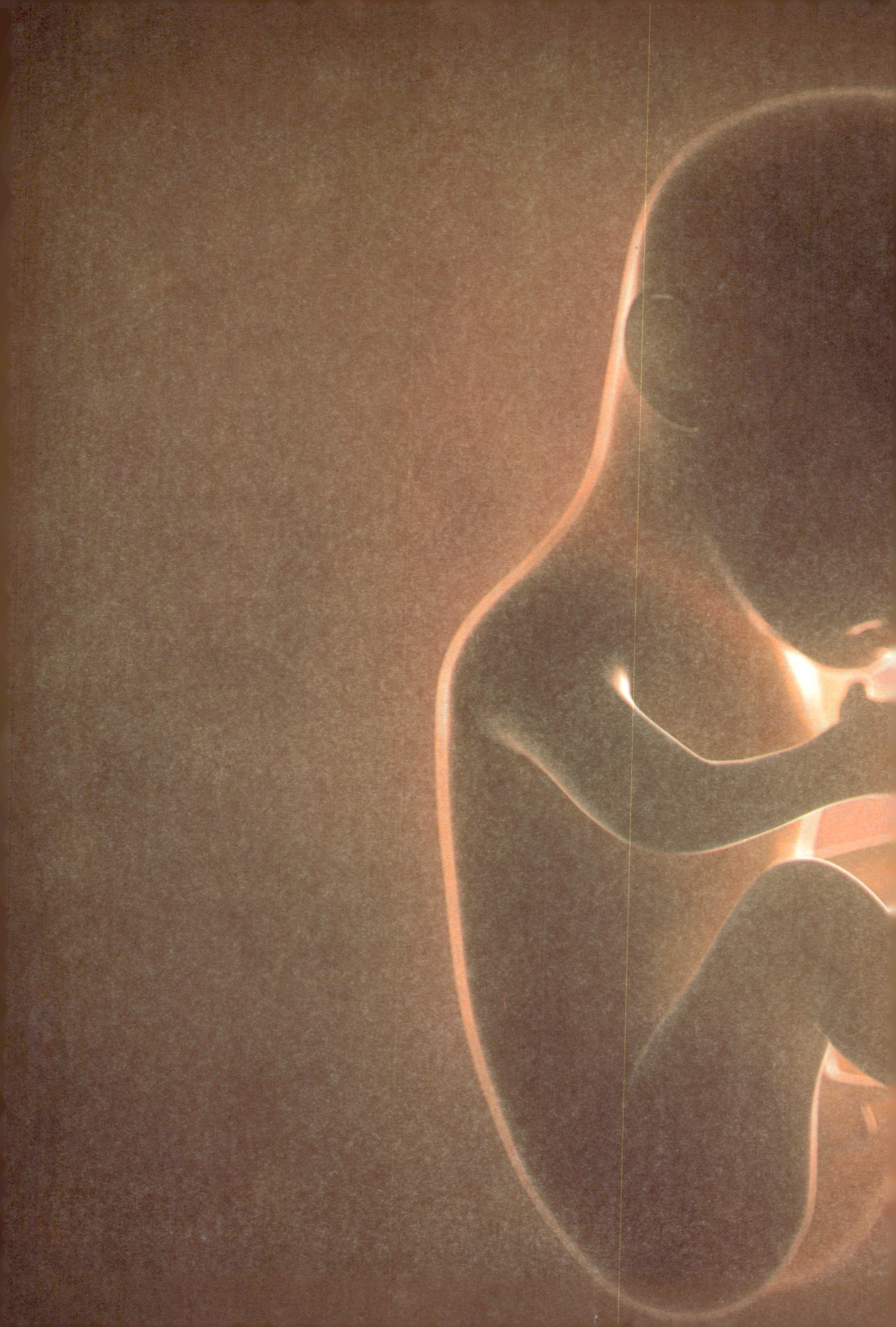

Part 3

神奇的人类生命现象

孪生子产生同步信息之谜

科学家曾做过这样一种研究，他们对两个从小就被分开的孪生子进行调查，这两个人在30年后重新相遇时，发现两人不仅都受过法律教育，而且，两人有着同样的爱好，他们都爱好木工制作和机械制图。更不可思议的是，两人的前妻的姓名也一样，儿子的名字也完全一样，甚至续娶妻子的名字也一样，并且他们都喜欢去佛罗里达州度假。

另外，科学家们也调查了许多多胞胎。3名刚出生的三胞胎兄弟分别被送到3个不同背景和文化的家庭中抚养，等到几十年后他们重新相逢时发现，虽然3人成长在不同的环境里，但是却拥有许多相同的习性。

中国在近年来也开展过双胎或多胎的遗传研究，结果也同样发现了不少这种神秘的同步信息现象。据此，人们还能说这些事例完全出于巧合吗？这里面会不会有什么必然的内在联系存在呢？

科学家们对孪生子这种“同步信息”现象进行了非常深入的研究，可是得出的结论都极为不同。

科学家们的一种观点认为，在双胞胎或多胞胎中存在的一些疾病和性状的相似性，是因为受精卵分裂时的时间因素在起着作用。而且当一个受精卵分裂为两个相同的受精卵时，所用的分裂时间越短，那么二者相似的程度就越大。

科学家们的第二种观点认为，孪生子之所以会产生同步信息，应该是他们之间的生物电接收器和释放器同步“运行”的缘故。每当一方的生物电作用器开始启动时，另一方会在极短的时间内感受到，并且会释放出相同的生物电，从而就形成了孪生子在思想和行为上的同步现象。

可以说，以上两种观点，虽然都有一定的合理性，在一定程度上揭示了孪生子同步信息的奥秘，但是两者也都存在着一些不很严密的地方，因此，时至今日，还没有一种观点得到普遍赞同。据此，人们认为只有等待科学水平的进一步发展才能彻底揭开孪生子同步信息的秘密。

血友病之谜

科学家通过分析发现，欧洲“王室病”血友病的传播者是英国历史上赫赫有名的“女强人”维多利亚女王，她统治英国很长时间，并且一生健康，活了 81 岁。英国能成为当时世界上最强大的国家，与她的统治密切相关。当时英国号称“日不落帝国”，它的殖民地遍及全球。但是这位集权力与荣华富贵于一身的长寿女王却是一位“血友病”的隐性基因的携带者，实在令许多人难以相信。

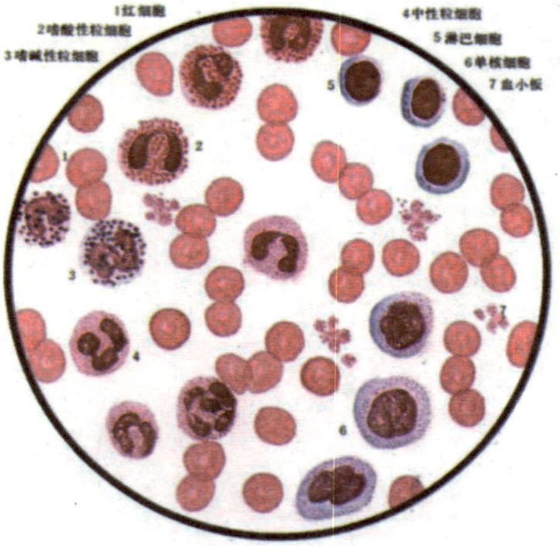

↑ 血友病患者的细胞组成

维多利亚身为大不列颠及北爱尔兰联合王国女王和印度女皇，地位显赫，人间的荣华富贵可以说她都享受到了。但是维多利亚也有烦心的事情，她的一个儿子在很小的时候就得“血友病”死了。她生了很多女儿，全都远嫁到欧洲大陆上的俄国、奥匈帝国和西班牙等国的王室，这些与英国王室联姻的王室中，也发现有人得了十分容易出血的疾病。“血友病”还让维多利亚的几个外孙先后丧命。1904 年，她的外孙，俄国沙皇的一个太子，也被发现患上了血友病。她的另外两个外孙，西班牙国王的儿子也患上了“血友病”,国王甚至命令将枕头垫在皇家花园的大树下，以避免他的儿子在玩耍时受伤出血。

“血友病”究竟是一种什么病呢？科学家通过研究发现，“血友病”患者的血液中缺乏一种被称为“第八凝血因子”的成分。如果受伤出血，血液便不能凝结成血块，当然就很难止血，因此即使伤口非常小，也会不停地流血。患病者通常在儿童时期发病，当患病的男孩逐渐变得活泼好动之后，就会表现出症状。他一旦在爬行之时擦破膝部或胳膊，就会血流不止。奇怪的是，将这种疾病一代一代地遗传下去的“传送者”都是女性，而得病的全都是男性。

科学家们经过反复研究和试验，终于发现“血友病”与色盲一样，属于与性别相联系的伴性遗传病。维多利亚女王的体细胞中的一条 X 染色体上带有“血友病”基因，但是她身上的另一条 X 染色体上所带的正常基因起到了保护的作用，所以她没有患病。而当她把这个不利的隐性基因通过 X 染色体传给她的儿子时，男孩子失去了保护伞，患病就是必然的了。

维多利亚女王的女儿有一半的概率带有她遗传下来的致病基因，当她们嫁给正常男子时，生下的儿子如带有致病基因，则肯定会发病，而生下的女儿则可能继续成为隐性基因的携带者，并向下一代继续传递这种基因。致病基因是真正的罪魁祸首,欧洲“王室病”之谜终于被揭开了，而“血友病”的病根也找到了。

人能不能永生

“死得其时”是德国生命哲学家尼采送给人类的一个忠告。尼采认为文明的演进必须以死亡为代价，只有不断地死亡才会有不断地新生。也许是他有天才的预见，也许是一种偶然的巧合，这种思想被现代生物进化论所接受，并且获得了相当一部分生物学上证据的支持。这些生物学者认为，越是高级的动物，再生和不死的能力就越低。例如壁虎可以长出一条新的尾巴，而哺乳动物和鸟类就不能。而更原始的阿米巴虫，只要环境容许，几乎会永远分裂下去，但它们却仍然是原生动物，和 10 亿年前没有什么不同。

美国学者沃尔德这样说过：“死亡作为生命的不可避免的终结，似乎是进化过程中后来的发明。人们在生命有机体的进化阶梯上，可能在很长一段路中遇不到尸体。”他指出，在像海葵和蠕虫那样复杂的动物中，还可以发现它们是通过分裂而繁殖的。可是在这进化阶段上再往上升，死亡就不得不引入世界，这很可能是我们成为真正复杂的生物所必须付出的代价。根据现代遗传学的观点，越是复杂和高等的生命，对环境的适应能力也就越强，而为了适应多样性的环境，物种的变异能力显得格外重要。变异能力的前提是为新生命提供足够的空间，这样老的生命就必须被定时地淘汰出去。所以死亡被引入生命世界也就是顺理成章的事了。可以说，没有死亡，就没有进化。

可是，也有一些科学家不同意上述结论，认为人总有一天是可以永生的。他们认为高等生物尤其是人类目前为止当然要接受死亡这个事实，但并不意味着死亡就是一个必然。人类的技术能力有一天是可以克服死亡的，比如克隆绵羊的成功，就为人的第二次生命提供了一线希望。这虽然有一些伦理难题尚待解决，但在技术上是完全可能的。未来永生的概念也许并不是一个人的身体永远存活下去，而是指一个人的基因长期稳定地在人类种群中存在。

人能不能永生？关涉衰老的理论，医学界没有取得共识。生命的结构单位是细胞，细胞的生命周期是由它内部的时钟来决定呢？还是由它所处的生存环境来决定？美国斯坦福大学医学院列纳德 · 海弗利克教授发现，培养基中的正常动物细胞不可能自我复制超过 50 次，换言之，似乎在细胞内部有一部时钟，由它来决定细胞何时停止分裂，从而使机体进入衰老。在美国，还有一个有趣的例子，人们发现一些孪生兄弟虽然分开生活，却死于同一时间和同一病因，这也从一个侧面证明了上述细胞生命周期的自我决定论。如果动物细胞的分裂周期被打乱，使它们可以无限增殖下去，那么就变成了癌细胞。所以，如果动物细胞不能按时衰老的话，它将转变成为恶性肿瘤组织，同样威胁到机体的生命。

也有不少科学家持环境决定论。美国外科医生亚历克西 · 克雷尔用小鸡胚胎做培养基，使鸡的一块心脏组织存活了 34 年，是鸡正常生命的 10 倍。康奈尔大学的克里夫·麦凯博士做了一个关于衰老的小鼠试验，也引起了人们的兴趣。麦凯博士起初发现成长和衰老几乎是紧接着进行的，如果动物体停止生长，并发生骨骼硬化，那么衰老就会不可避免地开始。于是他想用极少量的食物来喂养小鼠，使它们的个体几乎不增大，只是维持它们的生命代谢。结果实验组的小鼠的生命期几乎增加了一倍，但却患有精神发育迟缓和骨脆症。显然，这种长寿之道是不值得推广的。不过，上述两个实验似乎都表明了细胞及有机体的最高寿命是可以延长的。

虽然生物学家们日益认识到衰老和死亡对于物种进化的意义，但却被哲学家和社会学家们指责为向死亡投降，这里面有一个如何去理解人道主义的概念难题。长寿是生命质量的重要方面，却不是唯一的方面，随着人口平均寿命的增加，社会的老龄化已是个不可忽视的问题。已经有人提出了新的医疗理论，认为医生的主要职责是救人，而不是尽量拖延人的生命。理想的状态是确保有一个最佳年龄期，这个时期在我们整个生命中的比例应该尽量扩大，在这个时期内人可以保持年轻和强壮，然后，衰老仅仅发生在生命的最后一段很少的时间。这种思想在医学界和社会各界引起了极大的争议，如果付诸实施的话，将会促使医疗及社会保障机构做出重大的变革。有人指责这是纳粹思想的复活，是典型的人种优化理论。也有人认为这是提高生命质量的切实途径，是未来的人道主义。人能不能永生，及由此引发的有关衰老、生命质量、死亡等等的争议，究竟谁是谁非，只能留给后人去判断了。

人是否能够死而复活

在美国亚利桑那州首府菲尼克斯，有28个按20世纪死亡标准，生命已“停止”的人，他们以完整的尸体或只留个脑袋用低温冷冻技术保存在液氮中，等待将来有一天医学的进步足以克服癌症和艾滋病的时候，他们能够再次回到人间，重新过正常的生活。按照病人的遗嘱，对他们生前的宠物如狗和猫也做了相同的处理。这一方面可以充实实验数据，一方面也可使他们于复生后在现今亲人都不在世时不感到寂寞。

主持这项工作的是奥尔科尔基金会，它在世界各地已有40000多名会员，这些会员都希望在他们生命的最后一刻被冷冻起来，在未来的几十年或几百年之后复活。他们的这个愿望能实现吗？

这个似乎异想天开的做法一开始就受到专业的生物学家和医生的质疑。他们指出，躯体在冷冻时会发生大范围的细胞破裂，这就使得修复工作变得不可能。还有，大脑流血不畅造成局部缺血10分钟后，脑细胞就会有不可逆地损坏，导致病人成为植物人，一个被冷冻起来的植物人还有希望恢复成一个健康人吗？

但奥尔科尔基金会的工作人员对他们从事的事业充满了信心，会员按照要求办好人寿保险，这就为手术的费用提供了保障。在医生确诊病人死亡后，工作人员就开始按照事先安排的程序严格进行操作。先是用冰水降温，使躯体温度保持在2℃左右，这样既可以防止细胞死亡也可以防止其冻裂。然后做气管插入术，继续为细胞供氧，同时将血管内的血液抽出来，从静脉向体内输入人工营养液和各种不同的药物。接着，在病人的大腿动脉处装一只血泵，向体内灌入两种特殊的保鲜液，这种液体在今后的冷冻过程中将起到至关重要的作用。当一切就绪后，病人马上被送入基金会的总部，那里有早已准备好的一个冷藏罐，病人将被长期贮存在那里。

人体冷冻术遭到了一些病人家属的反对，他们难以接受将亲人的躯体保存在 −196℃的低温中。人体冷冻术还带来了一些法律与伦理问题，美国的法律界和伦理学界不得不加以考虑。

当然，目前人们关注的焦点仍然是病人能否复生？何时才真正有把握使冷冻的机体恢复生机？目前，有两项技术是关键性的，即“控制基因”和“毫微工艺学”。现在脱氧核糖核酸的译码工作进展迅速，平均每天就能辨认出一个新的基因。虽然基因的辨认离基因的复制和表达还有相当距离，但给人的感觉是人体的秘密将会越来越少，总有一天我们可以把自己的生命掌握在自己的手中。

但事情真如想象的那么顺利吗？系统学家指出，“控制基因”和“毫微工艺学”只能解决微观的复杂性，却无法解决宏观的复杂性。而人体并非是简单的细胞堆积，它在整体上蕴含了许多单个细胞所不具备的功能。奥尔科尔基金会的科学家能不能克服这个难题是让人怀疑的。还有，正如一些社会学家所指出的，即使这种技术可能会成功，那么它也是反人道，不利于社会发展的。因为老的生命会占据更多的生存空间而影响到人类未来的发展。所以人体冷冻术面临着技术和伦理的双重困难，那些冷藏起来的躯体是前途未卜的，这项技术将如何影响我们明天的生活方式，也是悬案。

人体器官移植难题

据美国《科学》杂志报道，瑞士于1996年初成功地实施了一例人体“换头术”。一对恋人不幸遭遇一起车祸，致使女友头部被碾碎，但身体完好，而男方除头部外，身体完全伤残。医生把男方的头颅移植到了女方身上。术后，“合并人”奇迹般地苏醒了过来。可是，一连串的麻烦接踵而来：这个新人是男子还是女子？该属于男方家庭还是女方家庭？法律上是判男方死亡还是女方死亡？如双方都死亡，那么新人如何确定法律身份？当然，最痛苦的还是新人本人，当他（她）明白自己连性别、归属、法律身份都无法确定时，心情非常沮丧，郁郁寡欢，一个月后就去世了。

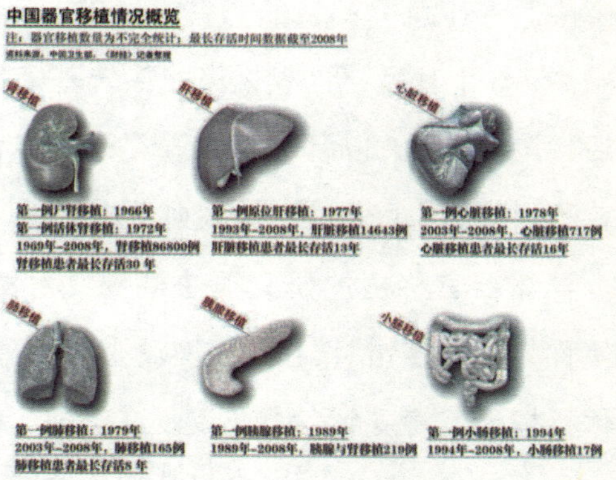

↑ 中国器官移植情况概览

器官移植为挽救生命，治疗疾患和人体康复带来了福音，这无疑是医学科学的进步。可是，器官移植仅仅是医学问题吗？

从前，不满两岁或体重不足15千克的幼儿捐献的肾脏是无法移植给成年人的，从而浪费了取自这些幼小捐献者的脏器。美国加利福尼亚大学的一个专家小组研究成功了一种新的手术方法，从而使可供移植的肾脏数量增加了10%。然而在美国，每年至少有2800人在需要器官移植的等待中死去。在英国，大约也有25%的心脏病人死于同样的原因。器官移植在解决了医学技术难题后，可供使用的器官来源随即成为重要问题。

1992年，剑桥的研究人员开始培育能够与人类免疫系统相容的动物，以解决医疗中急需移植的器官之缺乏。他们把人类的DNA注射入猪的胚胎中。6个月后，世界上第一头转基因猪诞生了。两年后，转基因猪的后代增加到200头。再后来，是进一步作异体器官的排异研究，包括把转基因猪的心脏取出，让人血从中流过，看看会发生什么的模拟试验。

异体器官移植的研究很快遭到反对派的攻击。首先，他们把转基因猪称为“人心猪”，并且在舆论上赢得了支持。其次，如果手术失败，异体移植无疑将受到各方非议。在美国，曾有3次试图把狒狒的器官植入人体，但都失败了，风暴般的议论接踵而来。然而如果成功了，那么那位接受动物器官的人受得了心理冲击吗？最后，人们还指责赞助商和研究者为商业目的而丧尽天良，以至在英国，有人把异体移植看成是“滑滑坡的”游戏，意为这种研究看似顺畅但却因无法控制而走向毁灭。

器官移植还涉及伦理道德和社会法律问题。1997年，在意大利发生了这样一件震撼人心的事：一个母亲怀孕第十周时，被医生告知孩子将是个无脑儿，即便生下来也无法存活。在面临是否做人工流产的选择时，这对夫妻决定生下这个孩子，把孩子有用的器官捐献给有需要的孩子。

这是一个需要勇气的选择，它不仅意味着母亲要忍受怀孕和分娩的痛苦，而且这对夫妇还将面对令人伤心的结果。1998 年 1 月 14 日，孩子出生了，结果正如医生所料。根据意大利的有关法律，新生儿必须满一周才能捐献器官。医院采用最先进的技术和设备为他输送氧气和养料。一星期后，医生关掉了设备。奇迹出现了：婴儿竟能自己呼吸，自己动弹小手小脚，还会抿嘴唇。医生尽一切努力维持婴儿的生命。但他毕竟是个无脑儿，第十四天，孩子停止了呼吸。第二天，他的心脏被移植到了一个叫毛里齐奥的男婴身上。在孩子的葬礼上，市民纷纷涌上街头加入送葬的队伍，他的墓上堆满了洁白的雏菊，这是意大利人对死者的最高礼遇。这则真实的故事反映了器官捐献者及意大利社会对器官捐献的一种积极、肯定的态度。

但是，器官捐献也会碰到各种使人困扰的障碍。例如，部分捐赠者的家属相信亲人的生命正借着另一种形式在世上延续，往往思念情切，甚至不断要求见受赠者。但是，器官捐赠中心对捐受赠双方的资料是绝对保密的，以免万一捐赠一方日后面临生活困境，去向受赠人索要“回报”，或者器官移植失败，令捐赠家属再度饱尝钻心之痛。令人宽慰的是，人情还是有的，在受赠者康复后，器官移植中心的工作人员会带他们去祭拜捐赠者，以表达由衷的谢意。

器官移植的法律问题，主要涉及如何确定死亡标准。传统医学把心脏停搏作为判定人死亡的标准。但是心脏停搏后移植的器官会使机能下降。救人如救火，患者希望移植的器官机能正常。1968 年，美国哈佛死亡意义审查特别委员会确定脑死标准。1976 年，世界医学会发表“悉尼宣言”，承认以脑死为死亡标准。美、英、德、法、日、挪威先后予以承认。然而，反对派说，如果以脑死为实死，那么由于判定脑死的高医术性和低透明度（脑死难以直观观察），从而使死亡判断令人不安和不放心，甚至给谋死或以捐献器官为幌子牟取暴利者可乘之机。在日本，还由于脑死判定后的器官移植医疗费用由谁负担的问题引起争议。日本厚生省明确规定：对于死者不存在什么医疗保险，人死医疗保险即终止。那么，执行与移植没有直接关系的脑死判定的医疗费用由谁支付？摘下捐献者器官的全部费用由谁负担？

人体器官移植在今天已经不是大不了的医学问题，肾脏、肝脏、心脏都可以移植；一个人同时换几个器官也已成为事实；甚至还有了成功换脑袋的案例。但是，器官移植越是先进，越是向着移植复杂器官发展，碰到的法律、道德、社会、心理的议论也越多，越会对器官移植医学的发展有所制约。人类期盼早日解决器官移植中的医学和非医学之间的矛盾，让器官移植的现代医学真正造福于人类。

Part 4

人种之谜

蓝色人种与蓝色血液之谜

在非洲西部一个与世隔绝的山区，跋涉着一支考察队。他们正在对这里进行自然植被及野生动物的考察及研究。一天，考察队正穿行于一片茂密的树丛，忽然，他们看见在树上的缝隙中有几个人影一闪而过。这是什么？他们怎么会居住在这里呢？强烈的好奇心驱使着他们要弄个明白，于是队员们悄悄地跟踪了过去，在不远处他们看见有几个像原始人一样用兽皮、树叶遮体的人，仔细一看竟发现这些人的皮肤是淡蓝色的。当这些有着蓝色皮肤的人发现附近有陌生人后，立刻拔腿就跑，转眼消失在密林之中。

世界上竟有蓝色的人种？考察队员们简直不敢相信，他们怀疑是不是这些人的身上涂抹了什么东西才使他们变蓝的。于是，他们决定做进一步的调查看究竟如何。经过几天的努力，他们终于发现了这些蓝色皮肤的人，竟是一个庞大的家族，居住在洞穴之中，过着狩猎的原始生活。他们又发现这些奇特的人皮肤不但是蓝色的，而且连血液也是蓝色的。

在这一奇特的发现之后不久，美国加利福尼亚大学医院的著名运动生理专家韦西，在智利的奥坎基尔查峰海拔6000多米的高处，也发现了适应力极强的浑身皮肤发着蓝色光的人种。韦西说在这样高的山峰上，空气十分稀薄，含氧量很少，这些奇特的蓝色人，像机灵的猴子一样，行动特别敏捷，令人难以与之相比。

另外据说在非洲撒哈拉沙漠中，也生活着一批为数不多的蓝种人。一位美国生物学家在考察喜马拉雅山时，也曾在6000米以上的高度发现了一些蓝皮肤的僧侣，最令人吃惊的是这些蓝色的僧侣，在这空气十分少的高山上竟然谈笑自若，还能进行粗重的劳动。

这一系列蓝种人的被发现，向人们关于人种的划分提出了挑战，事实说明在地球上除了黄、白、黑、棕这4种人种之外，蓝色人种也该占有一点位置了。然而更令人奇怪的是在世界上黄、白、黑、棕这4种人，无论其肤色如何，其血液都是鲜红色的，而这蓝色人的血为什么会与他们的皮肤相同而呈蓝色的呢?

对这一奇怪的现象科学家们做了旷日持久的研究，提出了各自不同的见解。一种说法是，皮肤的颜色和血液的成分关系密切。红色的血液是由于血液中的红细胞中含有一种叫血红蛋白的红色蛋白质，因而使血液呈现红色。而蓝色人的血液中有一种“超高血型蛋白”，却缺乏一种控制这种蛋白增长的酶，所以他们的血液呈蓝色，致使皮肤也呈蓝色。

另一种看法认为：蓝血人是一种病理状态造成的。在他们血液中某些化学成分发生了异常变化，这种变化很可能是由于某种“特殊病态基因”造成的。

一些美国科学家提出：在血细胞内，血红蛋白负责输送氧气，当氧气充足时，血红蛋白会呈现红色，所以常人血液皆为红色；当缺乏氧气时，血红蛋白就会成蓝色。蓝色人全身蓝色，可能就是高山缺氧所至。他们在研究中发现，蓝种人的血液中血红素大大超过了正常人。这大概就是他们能适应高山缺氧环境的原因。

还有一些科学家从某些具有蓝色血液的动物身上得到了启发，他们指出在海洋中：有一种大王乌贼和马蹄蟹血液是蓝色的，海蛸和墨鱼血液却是绿色的。可见，血液的颜色是由血色蛋白含有的元素所决定的。含铜元素的血蓝蛋白使血液呈蓝色，含钡元素叫血绿蛋白，使血液呈绿色；含铁元素叫血红蛋白，使血液呈红色。从这一理论出发，他们认为蓝色人的形成可能与血液中缺乏铁元素而铜元素过多而造成的。

科学家们从不同的角度出发各抒己见，有的说是缺酶；有的说缺氧；有的说缺铁；还有的认为是由基因变异决定的。其各执其理、互不相让，使蓝色人种、蓝色血液之谜在纷纭的争论中，难定谜底。

尼安德特尔人之谜

最后一个冰期（3500—10000 年前）时的世界，和今天的世界极为不同。那时北半球大部分地区被巨大冰层覆盖。整个地球的海平面比今天低 90 米。因此，现在的不列颠群岛和西西里岛，当时与欧洲相连，亚得里亚海北部干旱，黑海是内陆海，而现在分开北美和亚洲的白令海峡仍是陆桥。所有陆地都比今天寒冷干旱，有碍浓密森林生长而利于茂盛草原扩展。

像今天的北欧那样肥沃的地区，那时只是副极带荒地，但像法国西南部考古发现极丰的地中海地区气候较为温和，有点像今天的瑞典或加拿大部分地区。欧洲各大草原有无数的猎物：野牛、毛犀牛和长毛象，驼鹿更是数目众多的动物，今天却已锐减，至于驯鹿和北极银狐亦向南游荡远至比利牛斯山的地方。因此，至少就欧洲来说，石器时代的人类拥有他们所需的一切肉食、毛皮、兽骨和象牙。

在这片遍布野生动物的广阔土地上，每群人数不过 25 至 30 名的一个个游牧民族到处漂泊，在一个地点定居数月或数年后，接着继续迁徙。虽然有时气候严寒，但他们学会了用石针将兽皮和毛皮缝制成温暖的皮衣。他们这时也能在悬崖下、山洞入口，甚至必要时在空旷地方建造永久住所。这些住所有些是极大的帐篷式结构，地面低陷，兽皮围墙，设有石基，还有能产生强大热力的沟炉。在俄国，证据显示有些建筑可能彼此相连，是一些兽皮搭盖、互相连接的圆顶建筑。除非天气酷寒，食物供应似乎不虞匮乏，日常还有树根、坚果、浆果和树叶足以充饥。但那也并非乐园，他们的死亡率很高，尤以儿童和产妇为多。但他们显然没有现代人的一种疾患：考古学家在他们任何一副骸骨中，从未发现龋齿迹象。

他们在雕刻上的成就，可能是石器不断改良所致。弓箭的发明，自然极有利于狩猎，也有必要装上石箭头。因此，石器时代的古人生活，历数千年无多大变化。至 10000 年前冰期结束时，人类才定居一地，不再游牧，做好另一次跃进的准备。

史前穴居人这个名词，使人脑海里浮现一个以熊皮蔽体、挥舞大头棒、手扯女伴头发、踉跄行走的野人形象。这种流行的想法，主要源于 19 世纪对一具古代尼安德特尔人骨骼的研究。研究的结果，似乎显示尼安德特尔人是一种走路笨拙、弯腰曲背、下颌粗大的生物。然而，最近重新研究，显示那是一个老人的骸骨。他活着时患上了关节炎而致残废，因此不足以作为其同类的典型。对尼安德特尔人留存的其他证物加以评估，亦表明许多有关的流行看法，都未必是正确的。

在人类漫长的进化时期中，直立猿人可能在约 150 万年前出现。智人则约在 50 万年前，由直立猿人演变而成。多数人类学家将尼安德特尔人列为智人的一种亚种，并以尼安德特尔智人这个学名称之。约 10 万～至 30000 年前，尼安德特尔人有可辨认的群体存在。尼安德特尔人因考古学上首次的重大发现得名：1856 年，在德国莱茵省杜赛道夫市郊尼安德谷一处考古地点，发现一个颅骨的一部分，还有一些其他骨骼。

接着在欧洲、北美和中东其他地点，又发掘到更多尼安德特尔人骸骨。

像所有猿人一样，尼安德特尔人的最重要特征就是颅骨。虽然每一个颅骨样品都不同，但均具脑盖阔大呈拱形，眼睛上方额骨隆起，下颌宽阔，牙齿巨大等典型特征。尼安德特尔人样子看起来也许有点像猿，但脑部容积大致跟现代人不相上下，甚至有的还要大些。尼安德特尔人似乎粗壮结实，体格和高度与现代爱斯基摩人相似。

有些尼安德特尔人居于洞穴，但非全部如此。其他的扎营而居，挖掘洞穴或壕沟藏身，或搜集石头筑简陋围墙，而且往往选择靠近动物移徙的路线营造居所，借以保证有充足肉食供应。此外，他们还诱捕雀鸟和鱼类。尼安德特尔人懂得如何取火，他们还用石器将野兽毛皮剥下，加以清理后裁制皮衣。在尼安德特尔考古场地发现的其他物品，包括磨锐的兽牙和石片，还有天然颜料，表示尼安德特尔人弄过某种装饰美术。一般说来，尼安德特尔人的遗物显示他们的寿命较更古的直立猿人长。他们照顾病人和弱者，而最主要的是他们还埋葬死人。因此，他们可能有某种形式的宗教信仰。

尽管具备各种技能和社会组织，尼安德特尔人却终于灭绝。是否因为他们不能适应约40000年前冰期最后阶段所造成的环境变化？抑或他们被技能更优越的种族取代？或者，他们是否与较近代人种族杂交，而在持续的进化过程中受到同化？有些专家认为，由于尼安德特尔人的头盖骨越来越大，婴儿出生越来越困难。上述种种因素，也许是尼安德特尔人灭种的原因。

但尼安德特尔人真的灭绝了吗？现今一些偏远地区，可不可能仍然有他们的后裔孤独地散居？这种可能性与荒诞的喜马拉雅山雪人或北美洲巨足人传说一样虚无缥缈。尼安德特尔人仍有孑遗份子的看法，大都以苏联及蒙古学者的研究为根据。1970 年，一位苏联教授波里斯·朴契涅夫即发表了一些探讨这个问题的论文。这些论文重新引起人们对亚洲地区存在“野人”的连篇累牍报道，争论不休。

近至 1950 年间，苏联科学院一个部门，便曾报道在西伯利亚东北部酷寒荒僻的地区，发现一群称为“丘丘拉”（意为被遗弃者或流浪者）的野人。据说这些人说话口腔音域极为狭窄，这可能是遗传突变的结果，也可能是显示他们乃尼安德特尔人后裔的迹象。后来的一些报道还说这些人正在逐渐退居到更为僻远的地区，以避开不断侵犯他们领域的现代文明。

然而大部分发现“野人”的地点，是从高加索山脉至戈壁沙漠的中亚广阔地带。这些“野人”统称“阿尔玛斯”（复数为“阿尔玛蒂”）。这个蒙古语的意思是猿人（猿与人混种）或猎人。从 15 世纪开始，当地的部落民族和探险家，便不断有发现这些神秘和难以亲近的生物的报道。在 20 世纪，一名在俄国革命期间驻防帕米尔山脉的军官，也宣称属下的士兵追到一个这样的生物并将其射杀。他在说到这个生物时，屡屡使用这些相同字句：“前额倾斜……眉毛非常粗浓……鼻子极扁平……下颌阔大凸出……中等高度。”这些特征，与我们所知的尼安德特尔人极吻合。因此，那些士兵实际上很可能杀死了一个世上最后遗留下来的尼安德特尔人。

匈牙利人和泰国人起源于中国吗

白云苍狗，日月如梭。人类发展迅猛无比，从钻木取火到卫星上天，人类已从部落演化成许多自成一统的国家。泱泱中华古国拥有 5000 年文明，也拥有匈牙利人和泰国人是起源自中国的传说与推断。

战国时期出现于中国历史舞台上的匈奴人，在西汉前期强盛一时之后，很快从人们的视野中消失了。而在此后不久，即公元 4 世纪时，一支强悍的民族在欧洲东部崛起；到 9 世纪时，已在多瑙河边形成了今天匈牙利人的祖先。民间很早就流传着匈牙利人是匈奴迁徙欧洲的后裔的说法，许多中外学者也据此推测匈牙利人是匈奴人的后代。

早在中世纪时，不少西方作家记载了匈牙利人的活动，认为他们和匈奴人有很密切的联系。卢白鲁克在《东行记》一书中指出："扎格克河（今乌拉尔河）发源于北方巴斯喀梯尔国，古代匈奴人即来自此国，后变为匈牙利人也。巴斯喀梯尔族语言与匈牙利人相同，其国因此又名匈牙利也。"15 世纪约翰德 · 杜兹洛撰写的关于历代匈牙利国王的历史著作和安东尼 · 本菲尼尤斯写的匈牙利史，都认为匈牙利人是匈奴人的后裔。匈牙利人起源于匈奴人的见解在 18 世纪十分流行，许多研究者由此进而猜想匈牙利人是匈奴人的后代。因此，在西方学者那里，凡持"匈牙利人是匈奴人的后代”论者，一般都以此假说为基础：匈奴人首领阿提拉建立的“匈奴王国”灭亡后，他的一个儿子在多瑙河平原上建立了匈牙利王国。因而有些西方学者据此认为，匈牙利人是匈奴人的后代，而匈奴人即是迁到欧洲的匈奴人，便可以推断出匈牙利人也是匈奴人的后裔。

尽管“匈牙利人是匈奴人后代”之说为许多学者所接受，但与此不同的见解也依然存在。据匈牙利和其他西方国家的有关史书叙述，现今匈牙利的主体民族和基本居民是匈牙利人，他们自称是马扎尔人，这占了全国人口的98%。语言属芬兰——乌戈尔语系乌戈尔语族，他们是在中世纪由古代斯拉夫各族与来自东欧的草原部落——马扎尔人、匈奴人、阿瓦尔人等长期结合而成的。此外，玛恩辰·法洛芬在《匈人的世界》一书中引用考古发掘证据说，匈奴是一个混合的民族，一位考古学家经过长期在匈牙利进行发掘后，没有发现过一个确定无疑的匈奴人头盖骨，这说明“匈牙利人是匈奴人的后代”这一假说仍缺乏充分的证据。

同样，中国是泰国人的发源地的论断也得到了许多人类学家、民族学家及历史学家的极大关注。

许多学者认为，泰国人与中国的傣、壮同族，同属于古代百越部落，发源于中国的西南和东南部，即黔、滇、两广地区。从语言学角度，泰语与我国境内的傣语、壮语在发声学角度有共同之处，从类型学角度有相同结构，语音和语法也基本一致。

语言学家从泰语中找出了数百个与汉语相近或对应的词，认为这种同汉语和汉藏语系语言的密切关系，说明泰人与汉人在历史上有过共同的生活和密切的交往。因此，从语言学上看，泰人发源于中国西南的见解是有根据的。

主张泰人来自中国的论者一般都是以大迁徙理论为依据的。他们认

↑ 西方画师笔下的匈奴人

为泰人是迫于某些压力而大规模地从中国迁徙到现今的泰国国土上安家立业，并建立了泰王国的。持此说者势必要解释如何南迁的问题。这里也有两种看法。一是陆地说，认为是在公元前3世纪时，从我国中部湖南、云南而入居泰国境内。一是海路说，认为“楚灭越，秦始皇灭楚与开发岭南，汉武帝灭南越和东越，南方百越民族遂撤离大陆上的历史舞台”，漂流到东南亚和南洋群岛一带。

近年来，泰国学者根据在泰国东北部的班清地区50多年前出土的历史文物，对上述见解表示怀疑和反对，提出了泰人是一直居住在泰国境内的土著居民这一见解。索·登延认为，所谓泰人南迁的说法是错误的，因为“我们发掘的文物说明，泰人史前时代就居住在这里并不是从其他地方迁来的”。还有人对泰、傣同族源之说表示反对，认为傣族部落众多，居住范围广泛，不能仅根据其与泰人言谈举止相似就作出这种定论，更不能因此说泰国人是从那儿迁徙过来的。他们明确表示，泰人远在佛历以前就一直居住在泰国国土上。

当然，正是对这些假说的争辩，才能日趋探寻到事情的真相。但目前仍没有明确的论据能论证中国人是匈牙利人和泰国人的祖先。

苏美尔人与苏美尔文明之谜

↑ 苏美尔文明

谁创造了苏美尔文明？

历史学家认为，地球文明极有可能的起源地是苏美尔人生活的地区，因为后来的玛雅文明与苏美尔文明有很多相似甚至相同之处。

苏美尔人突然出现，又突然消失于底格里斯河和幼发拉底河的下游。他们是于何时以何种方法学习到楔形文字和宝塔式的建筑技术呢？这至今仍是个难以破译的历史之谜，长期困扰着考古学家。

苏美尔城市是现在所知道的人类文明史中，历史最悠久的文明城市之一，于公元前4000年左右突然出现于中东的底格里斯河和幼发拉底河两河的下游地区，即现在的伊拉克南部。正统的历史学家和考古学家一致认为，苏美尔城市不仅是之后古代东方文明的发源地，更为确切地说，它是现代世界文明的发源地。

苏美尔城市地处美索不达米亚地区，这一地区数千年以来一直就是个环境恶劣、干燥酷热、河流泛滥、不适合人类定居的地区。那么，为何在如此苛酷的自然环境下，能够产生人类最早的文明呢？

谈到苏美尔文明，人们首先想到的是楔形文字的发明。苏美尔人不仅发明了文字，还发明了农耕技术、建筑技术、灌溉技术、几何学、法律、天文学、算学等各种科学以及都市国家的民主管理方法等等，这些创始可全归于苏美尔人。然而，就历史时间而言，苏美尔人这些知识是在极短的时间里突然创造出来的，这一事实更使历史学家和考古学家目瞪口呆，不可思议。人们不禁感慨，是谁有这么大本领在顷刻之间让苏美尔人聪明起来，使他们拥有的文明不亚于20世纪国家的文明？

美国太空界泰斗卡鲁·赛甘博士自有其独特的见解，他说："苏美尔文明是靠具有强大能力的非人类系生物的帮助而诞生的。"在公元前2世纪末，巴比伦的祭司罗梭斯运用数千年以来的神殿古文书，写下了可信度极高的《巴比伦史》。其中写道：当太古的巴比伦地区的人类过着与野兽一样无秩序的生活时，在波斯湾出现了一种具有智慧的欧亚奈斯生物。形体虽像鱼，但鱼头下却有别的头，并有与人类手脚一样的东西，声音也像人类。

正是这种生物白天会从海中出现，与人类说话，并教导人类文学、艺术、科学、法律、建筑、几何学原理、采集果实、植物的区分的方法等。但它却不吃东西就可以生存。

由于这种生物是水陆两栖动物，因此，太阳一西沉，它就立即跃入海中潜藏起来，一到早上则又立即出现。

这种表述实在是令人难以接受。卡鲁·赛甘博士推断，早在公元前

4000年左右或更早以前，非人类文明就与人类在波斯湾沿岸某处有过接触，而苏美尔最古老的艾力多遗迹就正在此地。艾力多遗迹现已被考古学家确认，根据分析用楔形文字所记载的黏土板文书中的“苏美尔王名表”所示的结果，艾力多是“大洪水以前，从天降下五权的最初之都”。卡鲁·赛甘博士还指出：“若将欧亚奈斯生物‘如鱼般的身体’视为在暗示太空衣或潜水衣，‘鱼头下的别的头’暗示的是太空帽或潜水帽中的脸的话，那我们很快就会得出结论，这是海中的非人类系智能性生物”。

还有人尝试以更积极、大胆的主张来解说苏美尔文明。有着中东血统的美国籍中东语言学家兼古代史研究家卡利亚·席金指出：“与其说苏美尔文明的起源，是靠外星人的援助，不如说是在‘大洪水’以前，苏美尔被外星人建成殖民地，苏美尔文明正是这块殖民地留下的文化遗产。”他观察到，透过美索不达米亚（从苏美尔到亚述）、埃及、希伯来等中东一带的文献及《圣经》所出现的共同语中，都有一单词“塞姆”。且不论何种文书，都经常将它用于记述神的天上之旅或人类升天的场合。“塞姆”在当时的绘画文字（楔形文字的最初形态）之中，是“垂直上升”的意思。由此可见，它应是火箭、太空舱之类的飞行物体。事实上，在呈献给巴比伦的女神伊茜达尔的赞歌中，有一句就明显地将它当做飞行物体来讲：“天上的贵妇人乘坐‘塞姆’飞行于人类居住的土地上。”除此之外，当时的绘画、浮雕、雕刻上也绘着火箭形的物体。这极有可能是塞姆的有力表示。

苏美尔文明的起源众说纷纭，说法不一，可谓仁者见仁，智者见智，但是哪一种更科学呢？这有待于进一步考察。

Part 5
动物生存之谜

无脊椎动物生存之谜

现存各种动物中，约95%是没有脊椎的，称为无脊椎动物，例如龙虾与瓢虫、海绵与蜘蛛、蚊子与贻贝、珊瑚与蛤等都是。无脊椎动物种类繁多，除了没有脊椎之外，彼此别无共通之处。它们有些吃肉，有些吃草，更有些寄生在其他生物身上；有些跑得奇快，有些则在海洋中浮游，有些甚至从来不移动；大小方面，有些小得肉眼看不见，有些身躯却长达50尺以上。

动物大都有骨架支撑或保护体内的组织，鼠类与人类的内骨骼，就是其中一种。若干无脊椎动物也有内骨骼，只是由不同的物质构成。比方说，海绵有一个由二氧化硅或其他物质构成的精致骨架，支撑其软绵绵的躯体，由于海绵不会移动，也不改变形状，这样的骨架便很足够了。

无脊椎动物中，有两大类比较特别：身上长有外骨骼，即骨骼裹着躯体，而不是藏在身体里面的。第一类包括蛤、蜗牛与大多数其他软体动物，都生有酸钙质的外壳（石灰岩也是由碳酸钙构成的）。第二类是昆虫、蜘蛛、蟹等节肢动物，有由几丁质组成的外骨骼，化学成分类似植物纤维素；节肢动物的外骨骼也各有不同，昆虫的外骨骼多半纤薄柔韧，龙虾与蟹的则比较坚硬。

水母看似松软，其实摸上去是挺坚韧的。水母体内虽然没有内骨骼，也没有外壳支撑躯体，却能保持形状，因为其胶质的躯体满布结缔组织纵横交错的坚韧纤维，加上水母不断把水灌进体内，所以能保持坚挺，犹如充满气的橡皮筏子。海葵与蠕虫也有类似的骨骼支撑，称为水压骨骼。

无脊椎动物中虽有少数几种长得很大（体积最大的是巨枪鲗），但多半比人类或其他脊椎动物细小。原因之一是无脊椎动物多半没有内骨骼，所以生长起来，外骨骼（如蟹的外壳）便很难包容身体；如果骨骼坚硬能够抵受肌肉的拉力，骨骼就会十分笨重，行动因而不受限制。巨枪鲗能长得那么大，部分原因是它没有外壳，这是它与大多数其他软体动物的不同之处。

陆栖无脊椎动物的大小受到体重限制，水栖无脊椎动物却没有这个问题，世界上最大的无脊椎动物就是生长在海里的。南太平洋珊瑚礁间的巨蛤终年不移动，外壳可宽达 1.2 米，重达 250 千克。巨蛤连触手在内，可长达 17 米，重达逾 1 吨。反之，陆上最大的非寄生无脊椎动物是澳洲的一种蚯蚓，只有 3 米长。

无脊椎动物种类繁多，繁殖方式各异其趣。海绵与珊瑚等较低等的无脊椎动物中，同一个体可做有性生殖（排出受精的卵子），也可做无性生殖（一分为二）。

水母的生活周期较复杂。在水中浮游自如的钟状伞盖体会产卵，孵出幼体，幼体沉到海床，固定不动，长出一行行芽体。芽体脱落之后，形成在水中沉浮自如的新一代水母。若干无脊椎动物，如蝴蝶、蟹等，则借雌雄交配繁殖。至于海胆与许多其他海洋动物，则在水中同时产卵兼排精子，受精与否完全听其自然。

雌章鱼会看守着产下的卵子，保持卵子清洁，还轻轻喷水供氧。有些

↑ 无脊椎动物——海星

雌蜘蛛把卵子与新孵出的幼体放在腹部；有些海星把小海星放在背上刺棘间；蜜蜂、黄蜂、蚂蚁、白蚁等群居动物，都悉心饲育幼虫至成长；雌蝎子与若干海星把卵子藏在体内，直至孵出为止；若干种甚至像哺乳动物孕育胚胎般滋养卵子。至于其余的无脊椎动物，大多数不会照料下一代。

无脊椎动物中，按躯体比例计算，章鱼的脑袋最大。无脊椎动物多半不需要我们所谓的智慧，光靠本能反应就能活命。海绵等许多无脊椎动物，完全没有脑袋，一样活得好好的。

但是有些无脊椎动物似乎也有学习能力，比方真涡虫之类的低等动物经训练后，会走简单的迷宫；蜘蛛经过反复尝试把蛛网结得更好，饲养的蜜蜂也能学会辨认蜂巢漆上的颜色。

海星有几十条末端有吸盘的管足。根据从前的说法，海星以管足抱住蛤，不断地拉，蛤受不了便张开外壳。海星即翻出胃部伸入壳缝，把蛤活活消化掉。但是最近在科学家观察之下，发现蛤壳尽管闭得紧紧的，只留有一道微缝，也足以让海星把胃部伸进去，蛤肉渐渐被消化掉，壳缝就越来越宽。并不是所有海星都这样进食。有些触手粗短的海星把猎物整个吞下，然后吐出壳来。另一些海星不吃蛤及其他有壳类软体动物，却吃寄居蟹、海胆，甚至其他海星。巨大的长棘海星喜吃活珊瑚虫，会严重损坏许多珊瑚礁。

昆虫如何呼吸

昆虫自有独特的呼吸方式。昆虫的体内均有一套网状空气导管系统，该系统纵横交织遍布全身，以至于头部也布满了供气管，昆虫活脱脱就是一个个空洞的头脑。

昆虫体内的小气管都是分级连接沟通的。其终末细管与单个细胞相连。在细胞体上，直径不足 1 微米的微气管分支能延伸至细胞原生质中。这样一来，氧就可以一步到位地输送到目的地。微气管的数量分布与细胞的耗氧量呈正比，像飞行肌那样的大细胞里，纵横交织的微气管网络保障了它十分可观的供氧量。

能够独立探测身体的缺氧部位，这是昆虫表皮微气管所特有的功能。直径为 1 微米的微气管是长度不足 1/3 毫米的盲管，当其周围的组织耗氧量增大时，微气管便自行扩张，长度可延伸到 1 毫米左右。微气管的外口开放时间非常短暂，尤其是那些水生昆虫的微气管通常是关闭的，否则，流经昆虫体内的强烈气流就会在极短的时间内将它吹干。昆虫体内的氧是通过皮肤或鳃直接扩散到呼吸道，再由呼吸道的网络遍及全身。

呼吸速度极快的大型陆栖昆虫，它们的腹肌频率高达 70 ~ 80 次 /

分钟，而且腹部扁平，有利于排气。当腹肌松弛复原时，空气又吸入体内。它们的呼与吸两个动作采用不同的通道，即用胸部气孔吸气，排气则用腹部气孔。

节肢动物捕猎之谜

蜘蛛丝已知是自然界强度最高的纤维。即使铜丝拉细到同样直径，也没有蜘蛛丝那么坚韧。南太平洋一种蜘蛛的大网，非常结实，可用做渔网。美洲热带地区有一种蜘蛛的网丝也特别坚韧，而且产丝量多得出奇。一位科学家曾经捉了一只这种蜘蛛抽丝，以每分钟抽出两米的速度，抽到 130 多米才停止。其实那只蜘蛛仍可继续造丝。

大家想到蜘蛛网，脑子里总是浮现出蜘蛛织的环网图像。可是，蜘蛛织出的罗网不止是这种环网。以一般蜘蛛网来说，它是由数百条细丝在较粗的架丝间编织出来的，蜘蛛躲在网缘或网下，伺机冲出来捕捉被缠住的猎物。

其他蜘蛛织出形状不同的网，草蜘蛛织成的网无定形，但一端狭窄，常通到石头底下或碎石堆中，蜘蛛就守在那里等待传来表示粘住猎物的振动信号。地蛛织的长条形的丝管子,从地下洞一直连到树干上。丝管上还用岩石碎屑做伪装。若有昆虫落在丝管上，地蛛便咬断丝网，再咬死猎物，然后把猎物拖进网内吃掉。剩下的残骸则推出网外，继而修补管网。

猎人用的套牛绳球是两端系上重物的长绳。飞索蛛也有类似的武器：

一条丝的末端沾上黏液，另一端用脚抓住；若有蛾或昆虫为这条晃荡的丝线所吸引，想看个究竟，蜘蛛就会急忙旋卷蛛丝，把猎物捆住。

蜘蛛都捕食活动物，但蜘蛛并不都结网或类似的罗网。举例来说，吐沫蜘蛛向猎物喷射黏液，接着猛扑过去一口咬死猎物。另有一些蜘蛛是灵活快捷的猎者。跳蛛与结网的蜘蛛不同，视力特别好，可跳跃等于身长几倍的距离，捕捉猎物。

蟹蛛是善于伪装的猎者，能随环境改变体色，常歇在花或叶上，张开 4 对脚，准备随时捕捉走近的昆虫，咬住猎物便注入毒液。18 世纪时，一位动物学家绘了一幅画，画中是热带地区一只巨大的袋蜘蛛伏在一只蜂鸟身上，被许多科学家视为笑柄。100 多年后，另一位博物学家才证实：这种蜘蛛脚爪的跨距达 33 厘米，的确会悄悄地捕杀鸟类，还会捕食蜥蜴、小啮齿动物及一些体积颇大的动物。

某些昆虫和蜘蛛一样，也能捕杀颇大的动物。如田鳖体长可达 11.5 厘米，捕食蝌蚪和鱼类。食虫虻行动迅速，生性凶猛，是十分出色的猎手，捕食圆花蜂。螳螂猎食行动较迟钝，前半身常直立起来，屈举强劲有力的前脚，猛力向前扑去捕捉蚱蜢、青蛙、蜥蜴，甚至同类。昆虫和蜘蛛是近亲，也常常归入同一类，但彼此却不相同。蜘蛛有 8 只脚，昆虫有 6 只，昆虫通常有两对翅膀，蜘蛛没有。昆虫有 3 个体节，蜘蛛的头部和胸部（中节）则连在一起。两者成虫的不同特征在幼虫期未必能分得出来。有些昆虫幼虫不长翅膀，有的连脚都没有。

猎手和猎物的关系并不分明。蜘蛛通常猎昆虫为食，有些昆虫却猎食蜘蛛：最有名的是鳖甲蜂，体色铁青，生有多刺的长脚，身长只 2.5 厘米甚至不足 2.5 厘米，向比自己大 1 倍的蜘蛛进攻，毫无惊色，通常酣战一小时以上。蜘蛛罕能取胜，鳖甲蜂总会蜇蜘蛛一两次，使蜘蛛瘫痪。鳖甲蜂和大多数猎食的黄蜂一样，把猎获物拖到一个洞口后塞进去，在动弹不得的猎物身上产下一个卵，然后堵住洞口，继而动身去寻找新的猎物。蜂卵孵出小蜂后，就有现成的（还是活的）食物。

夏日傍晚，在草地或开阔地上空展翅飞来飞去，忽而冲下忽而回转，那就是名叫蚊鹰的昆虫，确切的名称是蜻蜓，以捕食蚊子之类为生。蜻蜓飞行时，把脚合拢起来，形似一个篮子，用来兜捕猎物，一有所获立即送入口中，通常边飞边吃。蜻蜓幼虫称为若虫，也是掠食者，栖于水中，还不能飞，生有铰合的长下唇，可迅速往外翻，唇尖有爪片，用于捕捉水生昆虫或小鱼。

食虫椿象是椿象的一种，特别爱好捕食臭虫，臭虫不足时也吃别的小虫，还会刺人。如用手捡起一只食虫椿象，就会感到像刺扎般疼。食虫椿象幼虫有一层分泌黏液包裹，浑身沾满灰尘、棉绒、碎屑等，像罩上一层伪装，隐藏得极好。

虎甲虫的幼虫是另一种不易被发现的猎手。幼虫在沙地上挖洞，大部分时间留在洞口上。扁平的头部与身体成直角，正好伪装成洞口的盖子；背部鼓起部分的钩子，恰好用来固定位置。若有小虫或蚂蚁在附近走过，虎甲幼虫就会立即翻身出洞外，伸长身体，背部仍然钩住原来的位置，然后用口咬住猎物，拖到洞里吃掉。

↑ 虎甲虫

甲壳动物的生存之道

小动物由于体型小，在沙漠烈日炙晒下，脱水的威胁更大，但若干小动物已演化出适应环境的方法来弥补这个短处。

沙漠地区经常缺水，小动物在这种情况下生存更为艰难。就体积与面积的关系上来说，小动物比大动物有较大的身体表面面积，因此依比例计算，小动物散失水分的面积也较大。不过，昆虫和许多蜘蛛纲的动物，例如蜘蛛、蝎子等，在于有水分难以透过的外壳，体内水分不致因蒸发而散失过多。这是由外壳表面分泌出一层薄膜所起的作用。

蝎子是最古老的节肢动物，曾在有 4 亿年历史的化石里发现过它们的遗骨。美国西南部的毒蝎，能蜇死幼童或老人。但是在大约 700 种蝎子中，能伤人命的只有极少数。

蝎子像许多沙漠动物一样，过着昼伏夜出的生活。某些品种的蝎子在岩石和石头下面的浅窝里藏身，在天气变化较剧烈的地方，有些蝎子便挖深洞穴居。美国亚利桑那州的沙地和干涸河床上，有些蝎子常会钻入地下 0.9 米深处居住。掘土的工具就是它们的钳或腿。最擅长掘土的蝎子，例如非洲大钳蝎，钳子特别大。蝎子是纯粹的食肉动物，但很少主动去寻找猎物，只躲在洞穴里静候进穴藏匿的昆虫前来送死。不过在饥饿时，也会趁夜出来，张开钳子，准备捕些昆虫充饥。蝎尾的螯刺含有毒液，能杀死猎物。幼蝎子出生后立即爬到母蝎背上。一周后，便能离开母背独立生活。蝎子出生后约1年，便可交配繁殖。

蝎子常见于草原、森林和沙漠中，但另一种名叫日蜘蛛的蜘蛛纲动物则主要产于干燥地区。日蜘蛛的腿很长，例如阿拉伯日蜘蛛的腿伸展时可达15厘米长，所以爬行迅速快得像滚过沙地的蓟冠毛球一样。这种蜘蛛虽然无毒，却有一对非常有力的钳。就日蜘蛛的身体大小来说，这对钳大概是动物界中最有力的啮物钳了。

大多数日蜘蛛都在夜间觅食。饱餐以后，有时胀得无法动弹。它们白天隐伏在洞穴或岩石下面。这一点和蝎子相同。

日蜘蛛的交配有一点与蝎子相似，那就是雄蜘蛛要把一个精包，即有囊包着的精液，放入雌性体内。不过蝎子交配时，雄蝎把精包放在地上，然后与雌蝎翩翩起舞，诱使雌蝎把精包纳入体内。日蜘蛛交配时，则由雄蜘蛛以双钳挟住精包，直接放入雌蜘蛛体内。就这方面来看，日蜘蛛的交配很像真蜘蛛。它们的交配方式，或许就是蝎子交配方式和蜘蛛交配方式之间的一个演化阶段。蜘蛛并不制造精包。雄蜘蛛先织好一个小丝垫，在上面放一滴精液，然后用爪末叫做肢须的特别器官吸取精液。这时它便可进行求爱活动，方式则因品种而异。经过求爱之后，雄蜘蛛便把肢须插入雌蜘蛛体内。

蜘蛛纲的动物，身体表面多有一层薄蜡质。这层蜡一方面可助它们减低体内水分的散失，但另一方面也难以排出二氧化碳和吸入氧。不过，蜘蛛纲的动物已经演化出破除此种障碍的各种呼吸机能。其中最特殊的是蝎子的肺。这种肺的折叠很像书页，因而得名。

世界各处的沙漠中，分布极广的甲壳动物有两种：一种是形状似虾的三目属蝌蚪虾，其生活周期纯粹由不常有的沙漠雨水支配；另一种是沙漠蛀木虾，仅见于绿洲及干涸的河床。

沙漠区罕有的甘霖，给类似虾的三目属蝌蚪虾带来短暂而活跃的生命。三目属蝌蚪的一生匆匆忙忙，像是与时间赛跑。它们的卵非常耐旱，在干涸了的水洼沙土中蛰伏，有时达数年之久，等到这些水洼载满了罕有而难以预料的沙漠雨水之后，水分便会渗入卵内。三目属蝌蚪虾于是得以孵化发育生长，同时又必须在水洼的雨水干涸之前成熟和产卵，因此活跃的生命期常常不能超过两周。其他能产耐旱卵的甲壳动物，还有神仙虾、蚌虾、水蚤等。

沙漠蛀木虾也是甲壳动物，但没有三目属蝌蚪虾那样善于适应沙漠的环境。它们只能生活在绿洲和干涸的河床上，掘成公用地穴在地面下群居，以躲避白天的酷热，黄昏后天气较凉，就钻出来觅食。

↑ 毒蝎

沙漠中的昆虫生存之谜

分散各处的小群蝗虫，历经数代后，常结成具有毁灭力的巨暴，移徙数千里，所过之处，草木遭殃。

沙漠蝗虫依它们喜独居或喜结巨群聚居而各有不同的体型、体色及行为习性。独居的蝗蝻（未生翅的蝗虫）全身绿色，但若在过于挤迫的环境下成长，便会变为群居性的蝗虫，身体则呈黑色及橙色。这两种沙

← 蝗虫

漠蝗虫，曾一度被认为是两个不同的品种。

真蝗虫是蚱蜢型，身体构造与其他蚱蜢相同。两者的主要分别在于行为方面。真蝗虫在某种情况下会集结成巨群，其他蚱蜢则从不结群。

沙漠蝗虫之类的蝗虫品种通常独居，这样不会对草木造成灾害。但有时由于食物缺乏，蝗虫不得不集结在少数有植物的地区。这种挤迫情况使蝗虫体内的泌素分泌起变化，生产一代成群聚居的蝗虫。这些蝗虫成长后，结成巨群，有时遍布5000多平方千米范围。它们在风力吹送下，到达低气压的地区，那里雨水充足，土壤湿润，又有青翠的植物——这是最适宜它们繁殖的环境。

在稀疏的沙漠植物中生活的昆虫种类很多。昆虫比大多数其他无脊椎动物较适合沙漠生活，因它们已演化出防止体内水分散失过多的方法。在世上已知的32目昆虫中，仅撒哈拉沙漠西北部就至少有26目。有些沙漠昆虫演化出从干燥物质，例如木头中吸取水分的方法。南美洲的介壳虫体外有一层蜡膜，称为胞囊。它在胞囊内能停止一切活动，可在干旱中生存若干年。

黄蜂和蚂蚁多半掘穴而居。有些黄蜂在沙土中掘地洞和地道。产卵后，还在卵旁放置瘫痪了的昆虫，作为幼虫孵出后的食料。傅氏棘蚁是一种能抗旱的蚁，会掘深穴，从下层的润湿沙土中取水。加利福尼亚农蚁把巢穴筑在土中深处，仅在白天较凉快时外出做短时间觅食。

美洲沙漠区许多小飞蛾在地下度过蛹期。少数则在自己吐丝制成的茧内化蛹，茧悬在树枝上，例如蓑蛾科的蓑衣虫。

沙漠区的蝇种类繁多，属于食虫虻科的食虫虻也是其中一种。它们有特长的口器，进食时用以刺穿被捕昆虫的外皮。属虻科的牛虻，吸食骆驼和马匹的血液。属牛蝇科的马蝇，在骆驼鼻孔内产卵，等骆驼打喷嘘时把成熟的幼虫喷到沙地上，便在那里化蛹。虫狮是鹬虻的幼虫，住在沙穴里，它们的窝穴与蚁狮的相似。

属拟步甲科的甲虫，是最能适应沙漠生活的昆虫。这科甲虫包括黑拟步甲虫，它们所需的水分全是用吃下的干食物在体内制成的。拟步甲科的大部分甲虫,没有飞行用的翅膀。其他的甲虫生有硬前翅,或积鞘翅,但拟步甲科甲虫的鞘翅则连在一起，在甲虫背部形成一硬盖。鞘翅与身体之间的小空间，有隔热作用，把身体与阳光的热隔开，并且减少体内水分的散失。所有拟步甲科甲虫的气门，都直接通入鞘翅下面这个空间，呼气时所散失的水分因而减低。拟步甲科的甲虫以植物、腐肉及粪便为食。它们大多数只在黄昏及夜间出来活动。

属芫青科的斑蝥是吃植物的昆虫。它们分泌一种油质液体，能使天敌皮层起水疱。成虫身上有各种鲜明的警戒色，黑和绿，褐和红，红和蓝等,可以吓走天敌,对本身又多一重保护。蜣螂把动物的粪便滚成圆球,储存起来作为食料。

← 甲虫

猫科动物生存之谜

猫科动物多是食肉的，只要可能，人也会成为它们的腹中餐，故而，“杀生”也成了它们永远也洗不去的骂名。

↑ 猫科动物

普通人一提起猫，就会联想起一只毛皮柔软的小动物，“咪咪”地叫，而科学家却会想到它的牙齿。猫的牙齿较别的食肉动物少，一般不超过30颗。捕食时，用强大的威犬齿迅速咬住猎物，然后用剪刀似的前臼齿把猎物的肉和骨逐块撕开。粗糙的舌头可以把肉从骨上锉下来。敏锐的听觉、大眼睛、长胡子和可以伸缩的爪（奔跑时爪可向内缩），都是猫科动物的特征。

猫科动物共有30多种，有大至360千克的虎，也有小至1.5千克的亚洲锈斑猫。欧洲以及非洲有几种野猫，据说是最接近家猫的种属。猫科动物中，只有亚洲的平头猫主要吃野果，其余绝大部分都是吃肉的。

它们经常在晚上或清晨出来捕食，从隐蔽处跃出捕杀猎物。狮、虎、美洲豹和豹等大型猫科动物，一般都先暗中潜近猎物，然后猝然扑出，把猎物制伏，咬在猎物后脑上，或咬住猎物的喉咙使它窒息而死。猎豹是唯一喜欢追猎物的猫科动物，不过也和别的猫科动物一样，不能持久奔跑，如果猎物奔逃的时间太长，猎豹就不会再追。

大型猫科动物中，只有狮是成群捕食的。母狮悄悄地绕到一群斑马等野兽后面，另外几只狮在草原的另一边向目标走近，分散猎物注意力。等到埋伏之势已成，那几只进逼的狮立即前冲，使整群猎物跑向在后面埋伏的母狮。狮还经常偷吃其他野兽的猎获物，特别是鬣狗和猎豹的猎获物。大型猫科动物不但捕食动物，也吃腐肉，只有猎豹例外。

狮、虎、美洲豹和豹都是食人猛兽。但据研究所得，猫科动物吃人不外 3 个原因：有些猛兽衰老或受了伤，无法捕捉平常的猎物充饥；其次可能是因为食物太缺乏；有时则是从母兽那里学来的。不管原因为何，人类并不是猫科动物生性喜吃的食物。

科学家把猫科动物分为会吼的和不会吼的。大型猫科动物有弹性韧带连接喉和头颅，小型猫科动物和猎豹没有这条韧带，不能吼叫。美洲狮虽然可能重 90 多千克，但仍被列为小型猫科动物。它不会吼叫，只能发出鸟鸣似的叫声。美洲狮高兴时会发出低沉的隆隆声。小型猫科动物吸气和呼气时都发出咕噜咕噜声，大型猫科动物则只在呼气时有此声音。猎豹的叫声也像鸟鸣，会结结巴巴地像鸽子般咕咕叫。这些声音和求偶或交配有关，音调变化时，就是和幼豹互通信息。传说虎会学鹿的叫声，事实上，虎的噗噗叫声和某些鹿鸣声相似，但这只是警告别的野兽它正在捕食，别来打扰。

研究家猫的结果显示，猫眼对光谱中的蓝光比人眼敏感 6 倍，适应黑暗环境也远比人眼快。猫眼后方的视网膜的一层敏感的反光细胞，称为反光组织，可收集微弱的光线，使猫眼发亮。猫眼的瞳孔不分日夜，都能透进光线看东西。一般大型猫科动物的瞳孔是圆的，小型猫科动物的瞳孔细长，呈裂缝状或纺锤状（如家猫的瞳孔）。裂缝状瞳孔张开时可以扩大，闭合时则变窄。

猫科动物的毛皮有伪装的作用。虎借斑纹掩护藏身在长草中；猎豹、豹以及美洲豹身上的圆点和花斑，则酷肖森林里或平原上掩映跳动的光影。有时，遗传上的突变会改变斑纹的颜色和形状。黑豹曾被误认为另一种动物，现在才知道不过是毛皮黑色素过多。在某种光线下，黑色斑点花纹在黑色毛皮上仍可隐约见到；黑色斑纹底下的毛皮一般应是黄色的。黑豹在印度相当多，非洲则很少。美洲狮和美洲豹有时也有黑色毛皮的。

体型较小的猫科动物，大都善于爬树。亚洲的云豹在树顶捕食，还可以沿着树干垂直跑下来。拉丁美洲的虎猫也同样可以绕着树爬下，或干脆跳下来。云豹和虎猫都能用一只脚爪抓住大树枝，挂在树上。

大型猫科动物也会上树。非洲狮用有力而锋利的脚爪，可爬 6 米高。据说森林里的虎也能爬得同样高。不过大型猫科动物爬树的力气和敏捷度，没有一种比得上豹：一只约 60 千克重的豹，能够独立把 90 千克重的幼长颈鹿拖到树上藏起来，独自享用好几天。科学家认为猫科动物不像许多其他哺乳动物那样需要大量喝水，鲜肉所含的水分，已足以解渴。不过，有几种猫科动物却在水边觅食。美洲豹和小豹猫都沿河捕食，美洲豹吃龟，有时也会捕食短吻鳄，先咬断脖子，然后撕开厚皮大啖鳄肉。

猫科动物大多能游泳，不过游泳本领和喜爱程度不一。狮不喜欢沾水，而虎却随时准备下水追赶猎物；虎还喜欢跳入水中玩耍，热天常泡在河里好几小时。

海豹能在水中生活之谜

很少哺乳动物像海豹那样适于水中生活。海豹、海狮、海象等，均属鳍脚目，长着有蹼鳍状肢，代替爪或脚；身躯呈流线型，皮上的毛短而浓密，耳、鼻有瓣膜，潜水时可以防水。

↑ 海豹

海豹后鳍状肢在陆上完全无用，只好扭着蠕动或弓起背移动。海狮、海狗和海象则能把后鳍状肢弯到身体下当腿用。若在近处（如水族馆内）仔细观察这些动物，会发现另一区别：海狮和海狗都有小耳廓，海豹和海象却没有。

离最近的海洋至少有500千米的西伯利亚贝加尔湖，住着大量海豹。里海海豹生活在半盐的水里，少数斑海豹都在寒冷的海中生活。只有地中海僧豹和夏威夷僧海豹栖于温暖的海洋。加拉巴哥海豹虽生活在赤道附近，但有寒冷的洋流调节，环境适合。大多数海豹吸一口气，即能潜水15至20分钟，在这段时间内可潜数百英尺深。受过训练的加州海狮，能从150余米的深处取回扔下的物件。最善潜水的则为南极的威得耳海海豹，可在水底停留将近1小时，据挂在它身上的压力计显示，其潜水深度可超过500米。

海豹是哺乳动物，必须要呼吸空气，不能从水里直接吸入空气。海豹血液中的输气血红蛋白数量是人类的5倍，在潜水时体内能贮存大量空气到海里去捕鱼为食，全靠消耗自身贮存的脂肪生存。海豹在潜水时，心跳速率会减至每分钟15次或更少，大大降低对氧的需求量，体温也随着下降。奇怪的是，海豹潜水前会把肺中大部分气体排出，这样做可能是为了防止患上减压病。

冰开始封盖极地的海面时，海豹就从冰底啃穿一个个洞，其大小足把口鼻伸出，露出冰面吸气。冰层不断加厚，海豹也不断地啃，务使呼吸孔畅通。每只海豹能咬开10来个孔，这些孔有时和同类共用。海豹亦通过冰中的天然缝隙或从翘曲冰层困住的空气呼吸。海豹潜水后回到冰下水面时，怎能找到呼吸孔呢？由于海豹黑暗里也能轻易找到呼吸孔，有人认为它们跟海豚或蝙蝠一样，能借回声定位，测定方向位置。白天或可从冰层较透亮的地方找到呼吸孔。

所有海豹都以动物为主食，不吃植物，大多吃鱼、枪鸟或章鱼，南极的食蟹海豹则为例外。虽名叫食蟹海豹，其实并不吃蟹而吃磷虾；磷虾是一种在寒冷极地海洋中产量极丰的虾状小动物。海豹会捕食其他海豹，恶名昭著，还吃企鹅和鱼类。很少食肉动物大得足以捕食海豹，但是大鲨和逆戟鲸常以海豹为食，尤其是抵抗力不强的幼海豹。此外，北极熊也吃海豹。偶尔也有幼海豹在水上给狐、狼和秃鹫吃掉的；不过多年以来，海豹的最可怕的天敌还是人。人类捕杀海豹，是为了取其毛皮、脂肪和肉。

鸟类群栖之谜

↑ 群鸟

在英国著名电影导演兼制片人希区柯克主持拍摄的科教影片《群鸟》里，成千上万只鸟类在空中齐飞，曾使不少观众感到惊讶。事实上，有许多鸟类学家和其他有关的科学家，都在探索鸟类群栖之谜，并且已经取得了可喜的成绩，不过有的问题尚有争议。

有一种看法是，鸟类的群集可以形成信息中心。在辽阔的鸟类栖息地区，只有群集的鸟类才能够更有效地发现密密麻麻的大量昆虫、鱼群、成熟果子、混杂种子和死动物躯体等食物。因为在成群觅食的鸟类中，只要有几只鸟，甚至一只鸟找到了食源之后，其他鸟就会很快地得到信息，从而被诱集起来，而且数量越聚越多。而对于独栖或少栖鸟类，觅食如大海捞针一样困难。至于鸟类之间靠什么来传递信息呢？有的科学家认为鸟类不会打嗝，也不会拍动它们肚子里的美餐示告于众，所以至今还是个不解之谜。另一些科学家认为，鸟类可以用视力发现同类寻得食物的信息。

“信息中心”的第二个作用是传递敌情。群栖鸟类在觅食、飞行和休息的时候，只要其中有一只鸟，或者几只鸟发觉了敌害，它或它们会立即惊叫，通报其他鸟“有敌害来临，赶快飞逃”的信息。在大自然里，人类、野兽和猛禽等都是鸟类的敌害。所以“信息中心”对鸟类生存有积极的意义。

另外，鸟类在集群飞行时，能够迷惑敌害，使它们眼花缭乱，无从下手。美国生物学家巴巴拉·库斯于20世纪70年代末、80年代初在加利福尼亚州北部的博利那斯环礁湖岸观察鹬科鸟类时，目击了一种名叫灰背隼的猛禽袭击它们共达689次之多。她发现，被袭击的几乎都是单只飞行的鸟，很少是10来只群飞的鸟，超过500只的集群鸟没有被袭击过一次。另一位生物学家在近马萨诸塞州的南博罗地区，她观察到一只鸡鹰袭击一群25只雪松太平鸟。在15分钟内，这只鸡鹰明显出击正在混乱飞行的雪松太平鸟5次，鸡鹰每次出击，太平鸟就互相集中。最后，受挫的鸡鹰因得不到美餐，只好放弃追逐，飞离而去。为此，加利福尼亚大学生物学家威廉·汉密尔顿认为，在空中飞行的群鸟比单独孤飞的鸟不易被敌害袭击只是个概率问题。同是一次袭击，一只鸟在群体中被伤害的可能性自然要小得多了。还有一些科学家认为，鸟多势大同时有惊离敌害的作用。例如，一些捕食小鸟的猫头鹰，在成群小鸟共鸣之中，它们不仅不敢下手，相反会被群鸟吓跑呢！

还有一种看法是，鸟类的群栖行为是为了保护“年长者”。国际上有不少鸟类学家在研究鸟类的群栖行为。他们发现这一行为对年长的鸟类是安全的，而对年幼的鸟类却是危险的，因而提出“保护老鸟”理论。

为了说明这一理论，还得从鸟类的群栖位置上谈起。

根据美国鸟类学家韦瑟黑德博士的分析，鸟类在陆上的群栖位置可以归纳为垂直和水平两种主要形式。从科学家对澳大利亚的彩虹鹦鹉以及英国东洛锡安、苏格兰的秃鼻乌鸦观察表明，它们都以垂直方向群栖，年长的鸟停息在高处，不易被陆生敌害袭击，而年幼的鸟停栖在低处，容易遭到敌害的捕食。而生活在美国德克萨斯州的里斯大学校园里栎树上的棕头椋鸟，以及加拿大渥太华的一个公园中香蒲上的红翅鸫，都以水平方式群栖的，年老的鸟在内层，年幼的鸟在外层，所以首先被敌害袭击的是后者，前者显然比较安全。丹麦的鸟类学家在研究本国群栖燕子中也发现，老燕子比小燕子处于优势地位，可以减少或避免敌害的袭击。

这些发现，勾起了科学家们的奇想：难道鸟类也有人类那样的敬老行为，还是老谋深算的年老鸟自己先抢“安全地”呢？真是神秘莫测。

除了以上这些理由，大家公认的是，鸟类在结群飞行时能够节约能量。

鸟类在结群单列纵队飞行时，能够划开空气，形成一条飞行“跑道”。在这条跑道上产生一种部分真空或滑流，使后面的绝大多数鸟类减少空气阻力，容易前进。如果鸟类群飞以摇晃的“V”字形式，它们的翼梢在气流离开其邻近飞鸟的翅翼时，产生上升的旋流，这样能大大节约能量。科学家们曾计算，摇晃的“V”字形式群飞鸟类比单只鸟拍翅飞行可节约能量70%。科学家把这两种形式的节能飞行，称为鸟类的“廉价飞行”，并认为它们在廉价飞行中还交换信息——“彼此谈话”。

动物的冬眠之谜

一进入冬季，动物就开始施展它们的“睡功”了，这就是冬眠现象。提起动物的睡功，真是“八仙过海，各显其能”。能飞善舞的昆虫钻进泥土、草丛或其他阴暗角落，倒头便睡，一觉醒来就是第二年的春或夏初季节了。有的则是一觉不醒，命归西天，只是留下了它的卵、幼虫或蛹作为家族的延续。鱼和蛙的睡法不同，鱼游进深水处，蛙则钻入泥土里，如同吃了安眠药，进入不食不动的蛰伏状态。鼠类动物却不是这样，它们既睡又吃，吃了睡、睡了吃，所以田鼠在进入冬眠前要准备25千克以上的“干粮”在“床”边，松鼠搜集上万个松子作为高枕无忧的食粮后备。蝙蝠睡法最特殊，平日倒挂睡觉，冬眠仍继续倒挂，一挂就是一个冬天。刺猬的睡法令人咋舌，它熟睡时，几乎不呼吸，把它扔到水里，过半个钟头再捞出来，它仍然睡着，一个冬眠期能睡200多天，这么漫长的一觉，堪称世界一绝。

动物为什么偏要睡懒觉来度寒冬呢？这是动物长期适应环境的一种表现。冬天天气寒冷，食物缺乏，动物处于熟睡状态时，体内的各种代谢活动降低到最低限度，心脏也放慢了跳动，脉搏和呼吸次数减少，这样把对养料和能量的消耗减少到最低限度，在寒冷和食物不足的冬季把命保下来，待到春暖花开、万物生长的季节，它们便可重新开始活动，恢复奔忙劳作和捕食育子的生活。

动物的繁殖力之谜

动物的繁殖能力大得惊人的要算草履虫。一年中，草履虫繁殖的后代可达 75×10^{108} 个，地球到太阳之间的距离大约是 1.7 亿千米，在它们之间放上一个空球，这么大的空球也装不下这些草履虫。苍蝇也不示弱，光是在春夏两季就能繁殖 50000 亿只以上的后代。鼠类呢？尽管它们常处于“老鼠过街，人人喊打”的境地，但它们在地球上的数量不会

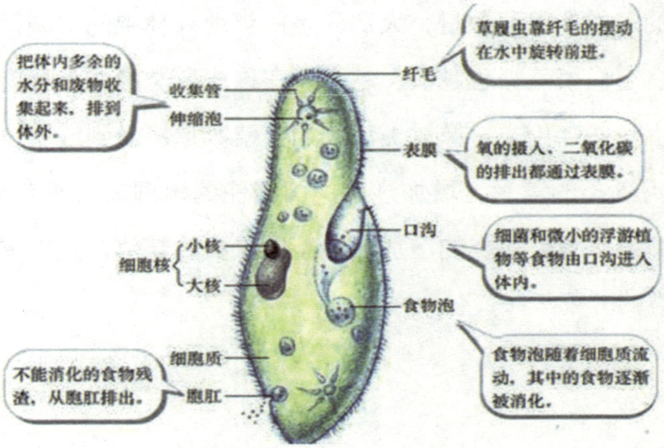

↑ 草履虫的结构图

少于几百亿只。就连大象这种繁殖得很慢的动物，一对大象“夫妻”经过750年以后，后代也能达到19×10^6只。

以上都是从理论上推断出来的各种动物的繁殖能力，实际上，人们看不到这样的繁殖结果，因为动物的繁殖力要受到环境、生存竞争、感染疾病等影响。像大象这种动物，在地球上已越来越少，它的繁殖能力比人们所估计的要低得多。而苍蝇、老鼠总是灭而不绝，其繁殖能力大大超出了理论值。面对一些稀有动物越来越少，而有害动物越来越多的现象，科学家们正加紧研究采取保护各种动物繁殖权益的措施，让那些有益于环境、有益于人类的动物，保持良好的繁殖能力；而使那些为害人类或其他动物的种类，繁殖能力降低到最低限度。

动物每一年的繁殖情况常常被冠以“丰年”或“荒年”的说法。了解动物繁殖的“丰年”和“荒年”规律也是科学维护动物的正当繁殖权益的措施之一。像桃、苹果等果树有丰收和歉收的年份一样，动物也有它们自己的“丰年”和“荒年”。查明引起它们的数量变化的条件和原因，就可以控制各种动物的繁殖能力。

以树洞为巢的鸟类的繁殖数量，大部分是由当地森林中的树洞数量决定的，树洞多，它们繁殖得也越快、越多。在这些鸟类中如果食肉的猛禽增多，地面上一些啮齿类，像鼠类动物的繁殖数量将受到威胁，因为鼠类是这些食肉鸟类的美餐。增加这些鸟类居住的树洞或人造鸟巢，可以增加它们的繁殖数量，鸟类的增加又抑制了鼠类的繁殖，以猛禽的“丰年”，带来鼠类的“荒年”。

动物的牙齿揭秘

牙齿作为最重要的器官，在动物的生命历程中起了至关重要的作用。食肉动物在猎获食物的各个环节：猎杀、叼拿、弄碎肢解，都无一不运用牙齿作为天然工具。失去一颗犬牙的老虎就再也无法猎杀大型有蹄动物。

啮齿动物牙齿的工作量相当繁重，其损耗程度也十分惊人，因而它们的牙齿总是不断地生长。老鼠的门牙每个月可长出 3 厘米，倘若不磨损的话，日积月累长下去，到老年，它们的牙齿就会长达 70 ～ 100 厘米。

大象牙齿的兴衰则与其寿命息息相关。大象以植物为食，对付坚韧的植物纤维需要用臼齿。承担如此重任的仅有两对工牙，而其余 5 对暂时“休闲”的牙，要依次等待老牙磨损脱落，才能顶替为工牙。随着牙齿的新老更替，大象也逐渐衰老，甚至死亡。

鲨鱼的牙齿令人恐惧。其牙齿布满上下颌，整齐地排列成行，处于一种“冲锋陷阵”、“前仆后继”的运动状态。齿尖朝后，呈“倒刺”状，防止猎物脱逃。而且牙齿经常进行更新，使鲨鱼在一生中都保持着良好的“战斗力”。

鲤科鱼的牙齿不是长在嘴里，而是长在喉咙里，因为这里是它磨碎食物的第一加工场所。

奇特的体外消化

所有的哺乳动物都有一个由口腔经食道、胃、肠的消化系统，它们对食物的消化过程都是在体内完成的，而有一种称之为雨虫的寄生线虫的消化，则是在“体外”进行的。

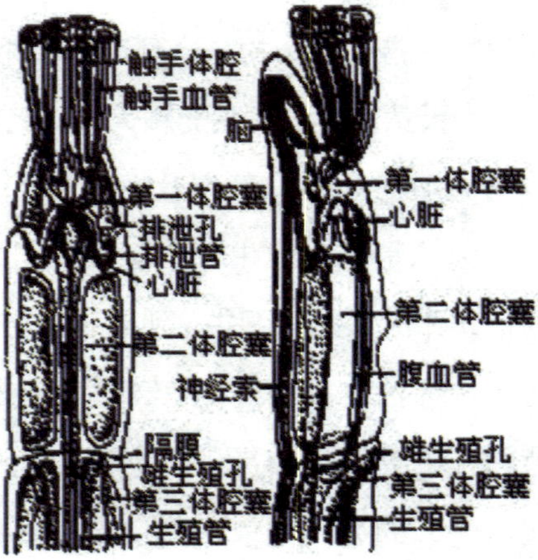

↑ 须腕动物的内部结构

雨虫的幼虫有一条非常狭小的食道，其柔嫩而没有肌肉支撑的食道实在难以将食物吸进去，倒是它的食管周围的组织能产生消化液，并以渗透的方式进入食管内，再由食管输送到体表。它由体表的一些特殊小管分泌出一种酶，当食管输送消化液到体表时，这种酶与消化液汇合，于是，雨虫幼虫便用表皮上的消化液直接吸收寄主的组织，在身体外面完成消化工作，并通过血液把消化吸收的营养输送到全身。

既然雨虫是体外消化，那么它们的肠子又有什么用呢？原来，食物进入血液后只有一部分用于长身体，其余大部分则不像通常那样由肠子转入血液，而是反其道而行之，从血液转入肠道。在雨虫的肠子里填充着一些特殊的细胞，食物变成了蛋白质和脂肪颗粒在这里储存下来。雨虫的成虫不吃不喝，而是靠这些“库存”的养分来实现性成熟，进而繁衍后代、生儿育女。

须腕动物也有体外消化的“爱好”，它的头端长着螺旋状的触手，这些触手可结合成管状或旋管状，须腕动物就将自身安置在自己营造的这个长管子里。它们捕捉到猎物后，将其带入这个管子里，而此时此刻由触手结成的密网就成了须腕动物的临时胃，触手基部分泌的消化酶足以使食物化解为养分而被触手自行吸收。这一奇特的体外消化方式是大自然的又一杰作。

恐龙在南极生活过吗

恐龙生活在史前时代，它们的繁盛一时与突然消亡，一直是科学界和神秘主义者们津津乐道的话题。现在，世界各大洲几乎都发现了恐龙化石，凡是人类能栖息生存的地方，都有恐龙曾经生活过的痕迹。可是，最近科学家们在南极山区挖掘火山碎石的时候，竟然也意外地发现了恐龙的遗骨。这是人类第一次在基本上没有生存条件的冰雪地带发现它们。

围绕着这些化石的发现，古生物学家和地质学家们马上卷入了激烈的争论。有的科学家根本否认那就是恐龙化石，理由很简单，在那么寒冷的条件下，根本不允许体积庞大的动物存在。至于挖掘出来的碎化石，很可能是一些巨型鱼类的遗骨，在地壳运动的过程中转移到山地而变成了化石。1986 年阿根廷地质学家曾经在南极半岛附近的杰梅斯·罗斯岛上挖出过类似的东西，当时也被鉴定为恐龙化石，不过在化石周围有很多海洋沉积物，所以被怀疑是从别的大陆漂移过来的。

最初发现并鉴定这些化石的是美国伊利诺伊州奥古斯塔那大学的古生物学家威廉·哈默。他坚持自己的观点，虽然这些发现令他自己也十分吃惊。美国科学基金会肯定了他的成果，并由此可以证实两亿年前南极大陆应该是比较温暖，适于动植物生长的地方。同时，这个发现也可

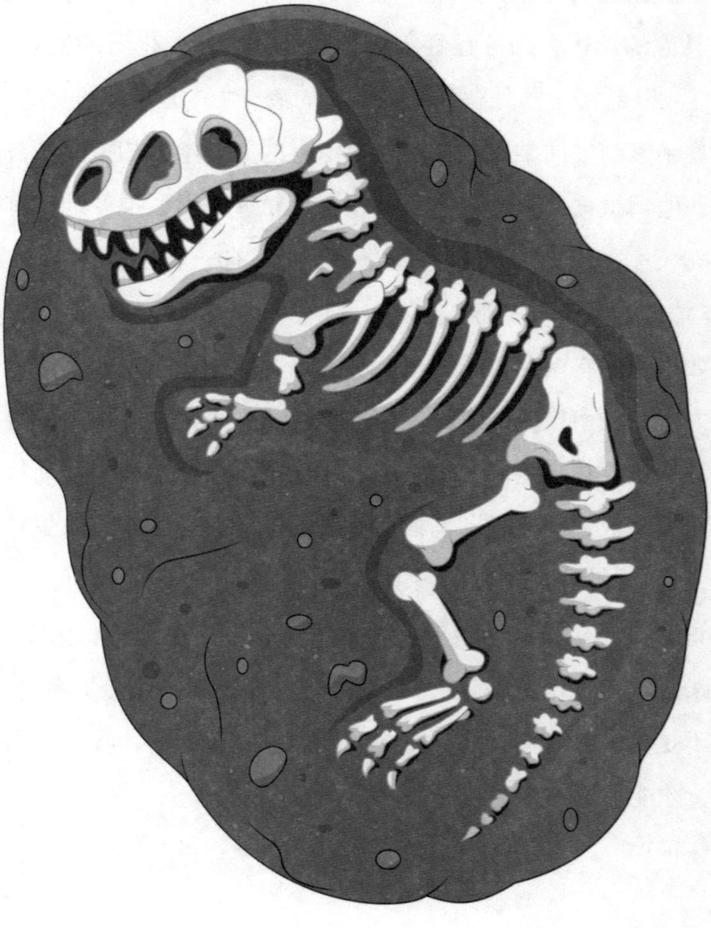

← 恐龙化石

能为恐龙灭绝之谜提供一个新的思考方向。

也有的科学家用“大陆漂移说”来解释恐龙的出现。过去，南美洲、非洲、澳大利亚、印度和南极大陆是连在一起的，共同构成冈瓦纳超级大陆。大约在1.2亿年前，这块大陆开始分裂，生活在这块大陆上的动物也各奔东西。生活在超级大陆南部的动物，包括恐龙，逐步随着陆地南移至南极，气候也逐渐趋冷。如今，除了少数的海生哺乳动物可以在南极生活外，其他的动物大部分已经灭绝了。这一次恐龙化石的发现，又一次证明了“大陆漂移说”是解释陆地形成的最有力的理论根据。

虽然古生物学家与地质学家各执己见，但有的天文学家却提出了自己独特的见解。他们根据大量的天文观察和行星轨道数据，推测地球有两种方向的自转。一种是东西方向，每天一周。还有一种是南北方向，大约 10 多亿年才转一周，几乎观测不到，但有证据表明地球的南北极曾经反转过。如果地球有南北自转的话，那么恐龙在南极出现就一点也不奇怪了。因为现在的南极大陆在恐龙繁盛期可能并不是位于地球的极侧，而是处于温带或亚热带的位置，气候非常温暖湿润，适于大型动物的生长。只是随着南极大陆逐步向南偏转，气温降低，恐龙才无法生存而趋于灭绝，但是化石却埋在地层而保留下来。

不管怎么说，恐龙化石在南极的发现都将是科学史上的一件大事，它证实了科学家们以前的一些猜想，却也对以往的一些理论提出了挑战。它带给人们的不是更多的答案，而是更多的问题。究竟如何，我们将期待更多的证据，才能下进一步的结论。

骆驼在沙漠中生存之谜

骆驼能在沙漠中生存的本领，被人类利用得太久了，所以目前尚存于世的真正野生骆驼为数极少，并且全部都是双峰驼。

骆驼科动物在1000万年前原产于北美洲。这科动物包括美洲驼、羊驼、骆马、原驼等。它们的远祖，越过白令海峡陆桥，到达亚、非两洲，经过漫长的时间，演化出有两个峰的双峰驼和人类驯养的单峰驼。现存的单峰驼除因偶然跑脱而变成野骆驼外，都是人工驯养的。但蒙古的戈壁滩中仍有真正的野生双峰驼。这些野生骆驼身披褐色短毛，体型瘦削，与长毛而身体粗壮的驯养种比较，有显著的区别。

从史前时代起，双峰驼与单峰驼便已成为人类在沙漠旅行时不可缺少的伴侣。身体高大修长的单峰驼，在中东及北非的炎热沙漠中用作旅客的坐骑和驮兽。双峰驼冬天有深色的长毛，四肢短而粗壮，较适宜亚洲中部的高山及寒冷的沙漠环境。

骆驼善于适应干燥环境。长久以来，一般人相信骆驼的胃囊或驼峰可以储水，可是这种说法并无根据。驼峰内储藏的其实是脂肪，正因为有绝缘作用的脂肪集中在一个地方，骆驼身上的其余部分，就像个散热器一样，把体热散发出去。

骆驼用水非常节省，因排尿而失去的水分也非常少，而且要在体温升到约 40℃时才开始流汗。到了这时，白天通常快要过去了，骆驼又可以在夜间清凉的时候，慢慢地散发出积聚的体热。

大多数哺乳动物，在炎热而干燥的空气中过分失水，便会因突发性中暑而死。由于身体流汗时失去水分，要抽取血液中的水分来补充，结果血液变得很浓，以致循环速度减缓，无法把体内的代谢热带到皮层去散发，于是体温骤升，跟着就是死亡。一个人严重失水时，因水分减少而损失的体重，约为体重的 20%。

但骆驼能损失等于体重 30% 的水而无显著痛苦。骆驼失去的水分，以来自肌肉组织为主，对血液影响不大。一只因脱水而消瘦的骆驼，大约能喝下 120 升水，而不会有水中毒的危险。一个脱水的人，若以同样的速度补充失去的水分，便会死亡。骆驼的卵形红血球能够很快地膨胀，变成球状，吸收突然增加的水分而不致破裂。骆驼身体组织重新获得水分后，很快便恢复正常体重。骆驼喝水，通常只是为了补回因失水而减轻的体重。炎热地方的沙漠中，骆驼冬季因为以多汁的植物为食，可能完全不用喝水。到了夏天，骆驼又可以完全吃无汁的植物生存。

双峰驼的交配期在 1 月及 2 月，单峰驼的交配则在雨季完成。在交配期间，雄骆驼的脾气变得很坏，时常打斗，用长犬齿咬伤对方。单峰驼的妊娠期约为 1 年，双峰驼则起码 13 个月。幼骆驼一出生就很强壮，1 天之内可以跟着其母到处跑，哺乳期为 3 至 4 个月。戈壁沙漠中的野生双峰驼喜结小群而居，每群有一两只雄性和 3 至 5 只雌性不等。它们睡在空旷的地方，白天进食，可吃任何植物。双峰驼春季移走到分布区北部，秋季才返回南部。

羚羊和野驴长时间不喝水之谜

沙漠中大哺乳动物所需的水分，大部分从所吃的植物中吸取。直角羚、瞪羚和野驴都要经常长途跋涉，寻觅植物充饥。

↑ 羚羊

在东半球沙漠中生存的较大型哺乳动物，全部都有因缺乏地下水以及雨水既稀少又不正常而引起的困难。产于亚非两洲沙漠的野驴之所以能生存下去，就是因为野驴也像骆驼一样，可以长时期不喝水，而到喝水的时候，又可以吸收大量的水。直角羚是羚羊属，它们所需的水分，多半来自所吃的植物，直接取自水洼的反而较少。不同种类的瞪羚，耐旱能力也各有不同。

东半球的羚羊及野驴，都经得起长途跋涉，可以走到老远的地方去找寻水源或隐蔽地。

直角羚的角很长，锋利如尖矛，有些品种的角，几乎长达 1 米多。遇到野狗和猎豹，直角羚不但不逃避，反而常常攻击对方。根据一项报告，一头狮子给钉在一双直角羚的角上，结果两者都无法脱身。直角羚行刺时头部向下，像挥舞镰刀似的摆动长角，鼻孔不断喷气。雄性直角羚颈部和肩部的皮肤特厚，因此在争霸的搏斗中很少受到致命之伤。雌性直角羚虽也有角，但并不搏斗，颈部和肩部的皮肤较薄。

直角羚居于遍地石块的沙漠中，很少喝水，从所吃的植物中吸取所需的水分。天气最炎热的时候，许多直角羚羊都会迁往沙漠边缘，找寻遮隐的地方。幼直角羚在雨季中于这些地方诞生。非洲的沙漠及草原，到处都有直角羚羊的足迹。

阿拉伯大羚羊肩高约1米，是最小的沙漠直角羚。近年由于滥捕，濒临绝种。

东半球沙漠地区典型的瞪羚，是生活在平坦多石沙漠的多加瞪羚。这种小动物肩高只0.6米，非常机警，奔跑速度可快至每小时80千米。它们通常结成小群出没，每群有5至10只不等。

地中海盆地内沙漠地区的多加瞪羚，可全赖多汁植物和植物的根获得所需的水分。但苏丹境内的多加瞪羚，在炎热季节里如不喝水，最多也只能支持5天。因此苏丹的多加瞪羚，似乎不及骆驼那样能适应缺水的生活环境。它们的生存，视其能否长途跋涉走到有水的地方而定。

非洲的沙漠以及亚洲的干草原出产两种野驴。这两种野驴像骆驼一样，经得起严重的脱水情况，失水程度高达体重的30%仍可保持健康，还能很快补充体内失去的水分。在短短数分钟内，一只野驴喝得下超过本身体重25%的水。

亚洲产的野驴有数种，其中一种是《圣经》提及的野驴。非洲野驴只有努比野驴及索马利野驴两种，其中的索马利野驴多半已与当地的驴杂交。

Part 6 生物灭绝之谜

地球生物的灭绝之谜

人们知道恐龙在6500万年前因为小行星撞击地球而灭绝，美国数位科学家在2001年出版的一期《科学》杂志上撰文指出，小行星撞击地球导致物种灭绝的灾难在地球的历史上并非只发生过一次，早在2.5亿年前，还有一颗小行星曾经撞击过地球，破坏性比令恐龙灭绝的那一次更加严重。有关的证据来源于一种球状碳分子。研究人员认为这些碳分子不是地球上的，因为它们内部包裹着的气体的同位素比例不同一般，表明它们是在地球和太阳诞生前一颗恒星爆炸的环境下生成的。这些提供线索的碳分子是从日本、中国和匈牙利的不同地区采集的。那些地区有二叠纪和三叠纪交替时期的沉积岩层。研究人员说，在交替期岩层上方和下方的岩层中，这种碳分子密度都很低，只有在物种灭绝时期的岩层中密度异常高。科学家推算，这颗小行星或彗星直径在6千米～12千米，体积和导致6500万年前恐龙灭绝的那颗冲击地球的小行星相仿。这颗小行星或彗星撞击地球释放的能量相当于20世纪最大一次地震的100万倍。科学家们认为，这一冲击和地球物种的迅速灭绝几乎同时发生，其间还发生了地球上最大的火山运动：在不到100万年时间里，从现在的西伯利亚地区地下喷出的火山岩浆足够为整个地球表面铺上3米厚的岩浆。这些变化使90%的海洋生物和70%的陆地脊椎动物绝种。这是目前人类已知最大规模的一次物种灭绝。

一、恐龙时代

巴基斯坦在俾路支省首府奎塔西北500千米处发现了1500多块恐龙化石。这些化石是在巴尔坎地区的维达格里的16个不同地点被发掘的，距今约6500万年。一些古生物学家特意将这些化石与史前巨鲸和远古大型爬行动物的化石做了比较，断定这是不同种类的恐龙化石，其中大部分为恐龙的椎骨和腿骨。这是一次重大的科学发现，对研究史前恐龙活动及灭绝过程提供了良好的契机。首先，恐龙化石在巴尔坎地区的出现，表明巴基斯坦接近史前恐龙灭绝的地理范围。这将使人们从一个全新的角度，探索恐龙古时在地球上的迁移路线，研究目前中亚和东南亚地区在白垩纪时的陆地联结状况。其次，由于此次恐龙化石多在地质上层被发现，科学家们普遍相信在该地区还能发现更多的恐龙化石。

← 恐龙

最后，研究表明这批化石均属远古食草类的恐龙，这使人们意识到，巴基斯坦信德省和俾路支省的大部分地区曾是一块丰美的草场，而非当前一派贫瘠和荒芜的景象。这为科学家们研究地球的气候和地理变化，提供了又一条通道。此外，尽管一些科学家认为古时陨星撞击地球，引发大规模火山运动从而改变地球的气候和地理环境，是造成恐龙灭绝的原因，但恐龙并非瞬息灭绝，其过程经历了约200万年。一些科学家据此认为，恐龙并未在地球上销声匿迹，而是受气候影响产生了物种变异。他们相信，当前生活在巴俾路支省等地区的一些鸟类和蜥蜴，就是史前恐龙的后裔。但这些都是推测，人们只能对恐龙化石进行更深入的研究后，才能得出答案。

二、恐龙灭绝的原因

1980年，美国科学家在6500万年前的地层中发现了高浓度的铱，其含量超过正常含量几十甚至数百倍。这样浓度的铱在陨石中可以找到，因此，科学家们就把它与恐龙灭绝联系起来了。根据铱的含量还推算出撞击物体是直径10千米的一颗小行星。这么大的陨石撞击地球，绝对是一次无与伦比的打击，以地震的强度来计算，大约是里氏10级，而撞击产生的陨石坑直径将超过100千米。科学工作者用了10年的时间，终于有了初步结果，他们在中美洲犹加敦半岛的地层中找到了这个大坑。据推算，这个坑的直径在180千米～300千米之间。现在，科学工作者们还在对这个大坑做进一步的研究。

科学家们开始为我们描绘6500万年前那壮烈的一幕。有一天，恐龙们还在地球乐园中无忧无虑地尽情吃喝，突然天空中出现了一道刺眼的白光，一颗直径10千米相当于一座中等城市般大的巨石从天而降。

那是一颗小行星，它以40千米每秒的速度一头撞进大海，在海底撞出一个巨大的深坑，海水被迅速气化，蒸汽向高空喷射达数万米，随即掀起的海啸高达5000米，并以极快的速度扩散，冲天大水横扫着陆地上的一切，汹涌的巨浪席卷地球表面后会合于撞击点的背面一端，在那里巨大的海水力量引发了德干高原强烈的火山喷发，同时使地球板块的运动方向发生了改变。

那是一场多么可怕的灾难啊。陨石撞击地球产生了铺天盖地的灰尘，极地雪融化，植物毁灭了，火山灰也充满天空。一时间暗无天日，气温骤降，大雨滂沱，山洪暴发，泥石流将恐龙卷走并埋葬起来。在以后的数月乃至数年里，天空依然尘烟翻滚，乌云密布，地球因终年不见阳光而进入低温中，苍茫大地一时间沉寂无声。生物史上的一个时代就这样结束了。

不论以上的事情是否真的发生过，恐龙的全部灭绝都将是一个奇特的事情。好在我们现在获得了一些珍贵的恐龙化石，使科学家们的研究工作得以进行。我们相信在不久的将来，这个谜一定会解开。同时我们应该知道，任何一种生物都要经历产生、繁荣、灭亡的过程。这是大自然的规律，并不会因为哪一物种庞大强盛而改变。恐龙灭绝了，随后出现了一个崭新的时代，更多的更高级的生物世界把地球装点得更加美好。

我国地质学专家杨超群提出了有关恐龙灭绝的新假说：“由于古气候及地质——地球化学因素的影响，据今6500万年前的白垩纪末期，雄性恐龙出现了性功能障碍，大量的恐龙蛋未能受精，导致了恐龙最终灭绝。”这一观点已得到一些知名地质、古生物专家的肯定。支持这一观点的例证，是英国一名化石商人在来自中国的70个恐龙蛋中，只发现一个有胚胎化石，也说明恐龙蛋的受精率颇低。

在恐龙繁盛的侏罗纪时期，雌雄恐龙的生殖能力都很强，大量的受精蛋均孵化出了恐龙，因此会有挖掘出大量恐龙骨骼化石而未见恐龙蛋化石的情况。到了晚白垩纪，雌性恐龙的生殖功能仍较强，但雄性恐龙却出现了性功能障碍，大量的蛋未能受精，因此出现了大量的蛋化石而骨骼化石则相对十分稀少的情况。而且，从晚白垩纪早期到晚期，地层中的恐龙蛋化石逐渐减少，说明恐龙的生殖功能逐渐衰退，恐龙的数量不断减少，最终灭绝。

根据晚白垩纪至早第三纪地层中常见有膏盐（石膏、岩盐等）矿物及膏盐层的事实，分析导致恐龙生殖功能衰退的古气候及地质——地球化学因素，可认为当时是在持续炎热干旱的气候条件下，由于强烈的蒸发浓缩作用，使湖水中的矿化度逐渐增高而演变成盐湖。恐龙在饮用了盐湖水后，特别是盐湖水中的硫酸根的浓度大大增高时，极可能对它们的生殖功能造成破坏。此外，华南与含恐龙蛋化石同时代的地层中，有的地方还发现含铀砂岩，铀的核辐射对恐龙的生殖能力也有一定的负面影响。在中国新疆西部伽师县和岳普湖县一带流行的一种男性不育、女性不孕的地方病——伽师病的例子，其病因就是由于病者饮用了硫酸根、氯、钠、镁含量过高的克孜河河水所导致，这与恐龙生殖功能的衰退有类似之处。

恐龙真的灭绝了吗

2001 年 4 月，美国古生物学家罗伯特 · 巴克在一所大学里举行讲座时，发出了一个惊人之语：恐龙，并不是像我们所想象的那样，而且现在，它们正在天空飞翔！此论一出，举座震惊。其实，这是继 20 世纪 70 年代古生物学界爆发的那场论战的延续。当然也是罗伯特 · 巴克毕生研究的最终成果。

国际古生物学界在 20 世纪后半叶，围绕着恐龙是不是热血动物、恐龙是否灭绝展开了一场论战。认为恐龙不是变温的冷血动物而是恒温的热血动物这一学说的提出，改变了古脊椎动物学上的许多陈旧提法。有研究者认为恐龙并未灭绝，鸟类就是恐龙的后裔，由此提出鸟与恐龙在分类学上应列为同一个纲。此外，对恐龙的生态及生活习性也提出了新的看法。难怪有人说，热血恐龙理论的出现，是古生物学上的一场革命。

其实，对恐龙化石的研究已经有 170 多年的历史。“恐龙”这一名称最早是由英国的古生物学家欧文（Owen，1804—1892）在 1842 年创建的。欧文在创建这一名称时，主要想概括当时已被发现的一些个体较大，样子有点叫人可怕的像蜥蜴一样的古代爬行动物，他把它们叫做“恐怖的蜥蜴”，我国的地质古生物工作者最初把它译为“恐龙”。

人们把恐龙描绘成像蜥蜴那样的动物这种观念为恐龙的灭亡提供了口实：在物种演变的竞争中，恐龙因其懒惰、迟钝，总之因为它是低级动物而输给了哺乳动物，于6500万年前灭绝了。这种观点直到20世纪60年代，一直在人们的看法和科学家的见解中占主导地位。美国耶鲁大学教授奥斯特罗姆在研究了一块1964年出土的恐龙化石后向传统学说发出了挑战，他认为，恐龙非常善于捕杀猎物，因此，它必定是一种动作非常敏捷、非常活跃的食肉动物。1969年他大胆地提出了看法，反对把恐龙看成是冷血和呆头呆脑的爬行动物。

作为学生的巴克，认为老师奥斯特罗姆言之有理，决定对恐龙的生活方式亲自进行调研。巴克以分析耶鲁大学自然历史博物馆里的恐龙标本作为对恐龙这方面研究的开始。恐龙的标本那时都做得像蜥蜴：前脚都向外张开，长着一个拖地的大尾巴。在他完成为期两年的对恐龙解剖学的研究时，他深信标本的这种姿态是完全不对的。他研究得出的结论是，恐龙跟大象等其他大哺乳动物一样是哺乳动物，恐龙也跟其他哺乳动物一样能够调整体温，动作迅速。这一个还存在争议的观点马上就赢得了支持者，他们认为这也是一个最有希望和前途的想法。它提出了一些需要思考的新问题，并展示了一些新的启示，像异军突起般给人们揭示了恐龙的一种完全崭新的形象。

与此同时，巴黎大学的里克莱通过另一种完全不同的途径，几乎与奥斯特罗姆同时独立地得出了相同的结论。里克莱在研究了多种典型的化石和现代动物骨骼的内部构造后，于1969年提出，从生理学上来看恐龙更近于哺乳类动物而非爬行类。他强调指出，恐龙骨骼很像哺乳动物的骨骼，而非常不同于冷血的爬行类和两栖类，可能就说明它们是热血的。

1968 年获得耶鲁大学硕士学位的罗伯特·巴克对这种新的思想作了全面的探索，他在《发现》杂志上发表的文章中进一步提出："如果恐龙真是行动缓慢的一堆冷血的肉，那么它怎能在数百万年中征服那些行动迅速的温血动物呢？"由此，他挑起了一场关于恐龙是温血动物还是冷血动物的大辩论。

尽管这场辩论引起传媒对恐龙见解的注意，但巴克的论点，就像他后来的许多工作一样，没有被他的同行们轻易地接受。事实上，他关于恐龙是温血动物或吸热动物的理论，使他成了少数派。他不顾一些同行的反对，仍努力寻找能证实他论点的有力证据。直到 1984 年，他发现了一块支持他关于恐龙是温血动物论点的化石。这块化石显示恐龙走动速度很快，它捕捉猎物时的速度可与今日的食肉动物相比，这种速度只有能够保持体温不变的动物才能达到。另外，恐龙有巨大的肋骨架，这就是说恐龙有巨大的心脏，这是快速新陈代谢的先决条件。这也是支持巴克关于恐龙是温血动物之说的一个证据。

巴克认为，在侏罗纪（2.13 亿～1.46 亿年前）恐龙的栖息地不是像以前想象的沼泽地，而是随季节的变化时而干燥时而潮湿的地方，就像今天的非洲，有植物丰盛的雨季和植物枯萎的旱季。巴克认为，恐龙必须像今天东非的大象那样随着雨水迁移，以便得到足够的食物。这样来回奔跑，冷血动物是做不到的。爬行动物不可能有这种长途跋涉的持久能力。蜥蜴能蹦很短的距离，但不能作这种远程巡游。只有新陈代谢很快的动物才能做得到。长期以来，在大多数人印象中，恐龙是在 6500 万年前左右被一颗大陨星撞死的似乎已成定论。但实际上，迄今为止，科学家们提出的对于恐龙灭绝原因的假想已不下十几种，比较富于刺激性和戏剧性的陨星说不过是其中之一而已。

有关学者还开列出其他几种原因：(1) 在6500万年前地球气候陡然变化，气温大幅下降，造成大气含氧量下降，令恐龙无法生存。(2) 恐龙是冷血动物，身上没有毛或保暖器官，无法适应地球气温的下降，都被冻死了。(3) 白垩纪末期可能下过强烈的酸雨，使土壤中包括锶在内的微量元素被溶解，恐龙通过饮水和食物直接或间接地摄入锶，出现急性或慢性中毒，最后一批批死掉了。(4)地球上曾经有一段被子植物时期，这些植物含有毒素，恐龙吃它们吃得太多了，体内毒素聚集过多，都被毒死了。(5)恐龙年代末期出现了最初的哺乳类动物，这些动物属啮齿类，可能以恐龙蛋为食。这种小动物缺乏天敌，越来越多，最终吃光了恐龙蛋。

小行星撞击论很快获得了许多科学家的支持。1991年在墨西哥的尤卡坦发现一个发生在久远年代的陨星撞击坑，这又进一步证实了这种观念。但也有许多人对这种小行星撞击论持怀疑态度，因为事实是：蛙类、鳄鱼以及其他许多对气温很敏感的动物都撑过了白垩纪而生存下来了。这种理论无法解释为什么只有恐龙死光了。巴克认为，疾病是导致恐龙死亡的真正原因，但恐龙并未因此灭绝。

巴克相信，恐龙没有灭种。1975年，他在美国《科学》杂志上发表的一篇文章中大胆宣布：“有证明显示恐龙从未灭绝，仍有一种族活着，这个种族我们称之为鸟！”

白狼灭绝之谜

白狼于 1911 年灭绝。

狼大多分布广泛，是除了人类以外分布最广的动物，过去世界上有 30 多种狼。除少数地区外，到处都能见到它们的身影。它们的皮毛多为茶色和暗灰色，只有一种是白色的，又被称为梦幻中的狼，它们生活在

← 白狼

人烟稀少的纽芬兰岛的荒山上。白狼全身都是白色的，只有头和脚呈象牙色，在大雪中这无疑是最完美的保护色。白狼是狼中体型较大的一种，身长近两米，重70千克，有巨大的头和细而柔美的身体。

白狼晚上觅食，一次可以远行200千米。春天和夏天常常在岩石的裂缝下挖洞来生幼仔。白狼和其他狼一样成群结队，公狼和母狼成双成对，它们常常多个家族在一起生活。白狼生活在加拿大土著人贝尔托克族的领地内。英国政府曾悬赏贝尔托克族的人头，到了1800年，贝尔托克族终于被消灭了。英国人的下一个目标就是白狼，因为白狼总是偷袭他们的家畜。1842年，英国政府又悬赏打白狼。随着移民的不断涌入，白狼被追赶得走投无路，再加上白狼分布范围广，与人的冲突是无法避免的，这样人们更加憎恨白狼，一只只白狼被枪杀。人们还用投毒的方式一次害死了上百只白狼。人们在鹿的尸体中注入马萼子茧，放在白狼可能经过的地方，这样无论是公狼、母狼还是幼狼都无法逃脱厄运。这种投毒方式不仅害死了白狼，别的野生动物往往也不能幸免于难。

世界上的人都讨厌、害怕狼。其实它们和我们人类一样热爱家庭，成群结队互相帮助，生活在一起。它们之所以伤害别的动物，是为了生存。其实狼除了患狂犬病外，不会对人类的生存发展构成威胁。但愿剩下的狼可以通过保护而摆脱白狼的厄运。

渡渡鸟灭绝之谜

渡渡鸟于1681年灭绝。

渡渡鸟是一种不会飞的鸟，仅产于非洲的岛国毛里求斯。肥大的体型总是使它步履蹒跚，加上一张大大的嘴巴，使它的样子显得有些丑陋。幸好岛上没有它的天敌，因此，它安逸地在树林中建窝孵卵，繁殖后代。

16世纪后期，带着来复枪和猎犬的欧洲人来到了毛里求斯。不会飞又跑不快的渡渡鸟厄运降临了。欧洲人来到岛上后，渡渡鸟就成了他们主要的食物来源。从这以后，枪打狗咬，鸟飞蛋打，大量的渡渡鸟被捕杀。就连幼鸟和蛋也不能幸免。开始时，欧洲人每天可以捕杀到几千只到上万只渡渡鸟，可是由于过度的捕杀，很快他们每天捕杀的数量越来越少，有时每天只能打到几只了。

1681年，最后一只渡渡鸟被残忍地杀害了，从此，地球上再也见不到渡渡鸟了，除非是在博物馆的标本室和画家的图画中。

奇怪的是，渡渡鸟灭绝后，与渡渡鸟一样是毛里求斯特产的一种珍贵的树木——大颅榄树也渐渐稀少，似乎患上了不孕症。本来渡渡鸟是喜欢在大颅榄树的林中生活，在渡渡鸟经过的地方，大颅榄树总是繁茂，幼苗茁壮。到了20世纪80年代，毛里求斯只剩下13株大颅榄树，这

↑ 渡渡鸟

种名贵的树眼看也要从地球上消失了。

大颅榄树的状况使科学家们深感焦虑，抢救大颅榄树成了一个紧张的课题。科学家们尝试了种种实验与推想分析，可是几年过去了，没有任何进展。1981 年，美国生态学家坦普尔也来到毛里求斯研究这种树木，这一年正好是渡渡鸟灭绝 300 周年。坦普尔细心地测定了大颅榄树的年轮后发现，它的树龄正好是 300 年，就是说，渡渡鸟灭绝之日也正是大颅榄树绝育之时。

坦普尔通过细致地研究发现，在渡渡鸟的遗骸中有几颗大颅榄树的果实，原来渡渡鸟喜欢吃这种树木的果实。最后坦普尔推断出，大颅榄树的果实被渡渡鸟吃下去后，果实被消化掉了，种子外边的硬壳也被消化掉，这样种子排出体外才能够发芽。最后科学家让吐绶鸡来吃下大颅榄树的果实，以取代渡渡鸟，这种树木终于绝处逢生。渡渡鸟与大颅榄树相依为命，鸟以果实为食，树以鸟来生根发芽，它们一损俱损，一荣俱荣。

恐鸟灭绝之谜

恐鸟于 1800 年灭绝。

恐鸟曾是新西兰众多鸟类中最大的一种，平均身高有 3 米，比现在的鸵鸟还要高，恐鸟除了腹部是黄色羽毛之外，其他部位全部是黄黑色相间。虽然恐鸟的上肢和鸵鸟一样已经退化，但它的身躯肥大，下肢粗短，因此奔跑能力远不及鸵鸟。恐鸟与鸵鸟的最大区别是：它的脖子有羽毛覆盖，而鸵鸟的脖子是秃裸的，并且比恐鸟的脖子要长。恐鸟是 3 根脚趾，而鸵鸟是两根脚趾。

↑ 恐鸟

恐鸟在生活中是一夫一妻制，它们可以共同生活终生或者在其中一只死去后，幸存者才去另寻配偶。它们以夫妻为单位终年栖息在新西兰南部岛屿的原始低地和海岸边林区草地里，以浆果、草籽和根茎为食，有时也采食一些昆虫。由于恐鸟身体庞大，需要大量的食物，因此每对恐鸟都有着自己大片的领地。恐鸟生活区域人烟稀少，食物充足，并且没有天敌，只有少数土著人以猎杀恐鸟为食，但土著人的原始狩猎方式并没有给恐鸟群体以致命打击，因此，直到18世纪初，仍有许多恐鸟在这里安逸地繁衍生息着。

18世纪中期，欧洲移民来到岛上，给恐鸟带来了厄运。恐鸟肉对于欧洲移民来说是美味佳肴。由于恐鸟不知道躲藏，欧洲人很容易捕捉到它们，经常一下子就能捕杀十几只，恐鸟肉一时成了这些欧洲移民的一项重要的肉食来源。同时由于欧洲移民的到来以及当地土著人的不断增加，开始了大面积烧荒、垦荒。恐鸟的生存地遭到了彻底破坏，恐鸟因失去立足之地而大量饿死，同时，由于恐鸟破坏庄稼，当地人为了保护庄稼大量捕杀恐鸟。与欧洲人一起来到岛上的家犬和家鼠也成了恐鸟的天敌，它们同样给恐鸟以致命打击。到了18世纪后期，恐鸟的数量已经很少了，人们捕捉恐鸟也越来越难了，而1800年则是人们能捕捉到恐鸟的最后一年。

中国犀牛灭绝之谜

中国双角犀于 1916 年灭绝。

中国大独角犀于 1920 年灭绝。

中国小独角犀于 1922 年灭绝。

中国犀牛曾广泛分布在中国南方各省，它们主要栖息在接近水源的林缘山地地区。

犀牛一般体长在 2.1 ~ 2.8 米，高 1.1 ~ 1.5 米，重 1 吨。它有许多独特的外貌特征：异常粗笨的躯体，短柱般的四肢，庞大的头部，全身披以铠甲似的厚皮，吻部上面长有单角或双角，还有生于头两侧的一对小眼睛。它们虽然身体庞大（犀是仅次于象的第二大陆生动物），相貌丑陋，却是胆小不伤人的动物。不过它们受伤或陷入困境时却凶猛异常，往往会盲目地冲向敌人，用头上的角猛刺对方。它们虽然体型笨重，但仍能以相当快的速度行走或奔跑，短距离内能达到每小时 45 千米左右。中国原来有 3 种犀牛：大独角犀（印度犀）、小独角犀（爪哇犀）和双角犀（苏门犀）。它们本该无忧无虑地永远生活在中国南部，可是它们头上的珍贵犀牛角成了它们灭绝的主要诱因。

自私的人们把犀牛角当成珍贵的药材，同时也将它与象牙一样用来

↑ 犀牛

雕刻制成各种精美的工艺品。人们还将犀牛的皮和血入药，在中国宋朝就有用犀牛角入药的记载。造物主赐予犀牛的这些优点成了置它们于死地的诱因。人们认为犀牛是上乘中药，由于犀牛数量稀少，因此越发显得珍贵，只有有权、有财的人才能享用。

到了清朝，南方诸多官员为了使犀牛角成为自己的私有财产，发出公告，不许民间乱捕犀牛，只许官方猎杀。这样，犀牛遭到了官兵的狂杀滥捕。

他们打死犀牛后，当场就把犀牛的角锯下，然后多数进贡给他们的上司和皇上，为他们以后升官发财铺平道路。当时最多出动上千官兵，一次能捕几十头犀牛。民间一些人为了发财也大量偷捕犀牛。

如此疯狂捕杀，到了20世纪初，犀牛在中国所剩无几。这时的犀牛角更显珍贵，但据当时官方资料，在1900年到1910年，仅10年间，官方和民间进贡的犀牛角就有300多只，这还不包括偷运到国外的！而在这之后，便很少捕到犀牛了，直至1916年最后一头双角犀被捕杀；1920年最后一头大独角犀被捕杀；1922年最后一头小独角犀被捕杀，在这最后10余年间，共捕杀不足10头。1922年后，没人在中国再看到任何一种野生犀牛。

中国麋鹿之谜

麋鹿是中国所独有的，主要分布于江浙海滨一带。因为它的角像鹿不是鹿，脸像马不是马，蹄子像牛不是牛，尾巴像驴又不是驴，因此俗称“四不像”，是一种非常特殊的大型鹿类。麋鹿中雄鹿的角分枝奇特，与其他鹿的角有明显区别。它们体长肩高，尾比其他鹿长得多，末端生有丛毛，蹄子宽大而能分开，适于在沼泽地行走。

一些考古学家发现，中国曾有过 4 种麋鹿，而且从旧石器时代起，就与我们的祖先发生了密切的联系。在原始人类的遗址中，常常可以见到大量麋鹿的骨骼标本。在当时生产工具落后的情况下，甲骨文上记载捕猎麋鹿的最高纪录，一次竟达 384 只，可见当时麋鹿数量之多。同时，从狩猎数字的逐年递减，也可以推断出麋鹿种群从那时就已经开始减少。到了 19 世纪后半期，麋鹿已经非常稀少了，与此同时，这种从来没有被科学记述过的世界珍兽，在 1865 年被外国传教士发现，他们相继捕获了大量麋鹿运到国外进行展出。可是被运出国的麋鹿最终全部死掉了。到了 1900 年，只有北京南海子皇家猎苑残存着人工饲养的 18 只，也是世界上仅有的 18 只了。就在这一年，八国联军侵入北京大肆掠夺，其中英国人把南海子的麋鹿全部掠夺回国。从此麋鹿在中国全部灭绝。麋

↑ 麋鹿

鹿运到英国以后，被贝德福特公爵买下，并养在乌邦寺内开始繁殖，到了 20 世纪 80 年代乌邦寺内已经达到几百只。

直至 1956 年，英国伦敦动物学会送给北京两对麋鹿之前，50 多年间麋鹿的故乡没有麋鹿。1984 年，贝德福特公司的继承人塔维斯托克侯爵又送回中国 20 只麋鹿，并放养在北京城南原南海子皇家猎苑（今大兴境内），建立了麋鹿苑。1986 年 8 月，在江苏大丰县建起了麋鹿自然保护区，英国伦敦动物园等单位又送回了 39 头麋鹿，散放在保护区内。到目前，这些多年离别故土、流落异乡的珍稀动物，回到了祖国，并且繁殖成功，现在全国已经有麋鹿近千只。但在野生世界里却再也见不到它们的踪影了。